JN493395

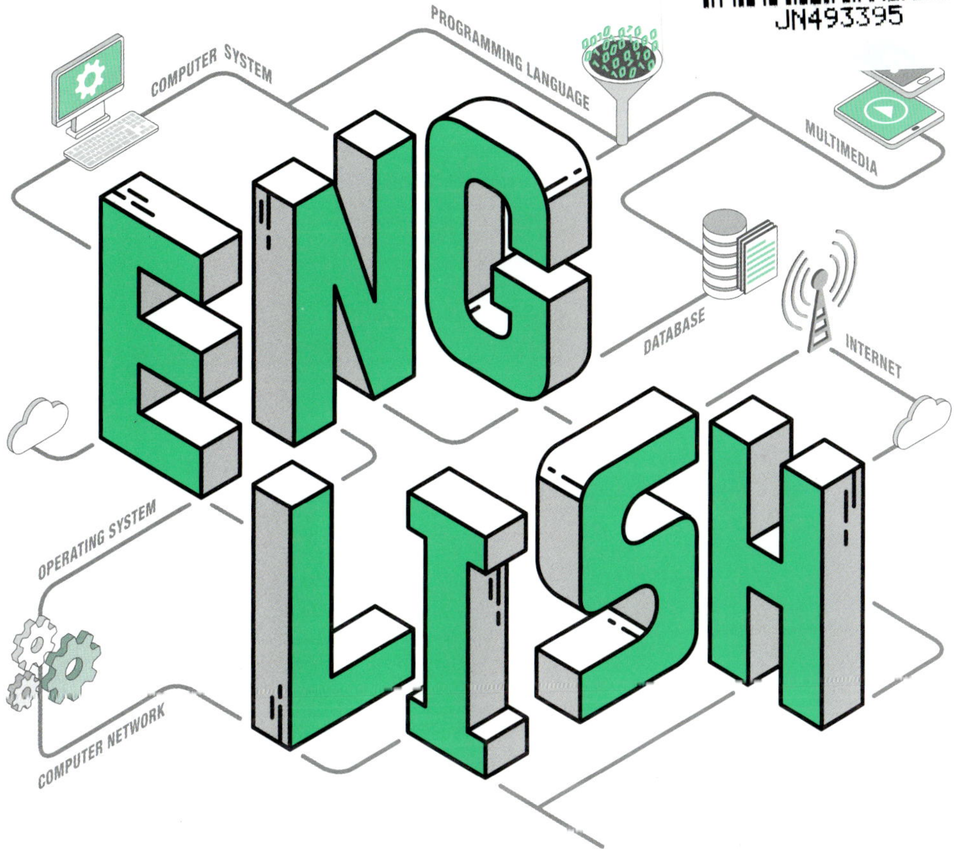

원리를 알면 IT가 맛있다

쉬운 영어로 읽는 최신 전산 영어

영문 원서를 쉽게 읽고, 영문 웹사이트에 자유롭게 드나들기

개정3판

조준모 지음

지은이 **조준모** jun@tu.ac.kr

아이오와주립대학교(Iowa State University) 컴퓨터과학과를 졸업하고 경북대학교에서 석사 및 박사 학위를 취득하였으며, 현재는 동명대학교 전자공학과 교수로 재직 중이다.
저서로는 『데이터통신 및 컴퓨터 네트워크』(기전연구사, 1999), 『최신 정보통신개론』(한올출판사, 2001), 『JSP 프로그래밍』(일진사, 2001), 『인터넷 영어』(동명대학출판부, 2004) 등이 있으며, 관심 연구 분야는 유무선 네트워크, 드론 통신, 앱 프로그래밍 등이다.

삽화 **랜디 글래스버겐(Randy Glasbergen)** www.glasbergen.com

쉬운 영어로 읽는 최신 전산 영어(개정3판)

초판발행 2015년 12월 30일
5쇄발행 2024년 07월 22일

지은이 조준모 / **펴낸이** 전태호
펴낸곳 한빛아카데미(주) / **주소** 서울시 서대문구 연희로2길 62 한빛아카데미(주) 2층
전화 02-336-7112 / **팩스** 02-336-7199
등록 2013년 1월 14일 제2017-000063호 / **ISBN** 979-11-5664-203-9 93000

책임편집 유경희 / **기획** 김성무 / **편집** 강은희 / **진행** 임여울
디자인 표지 천승훈, 내지 천승훈
영업 김태진, 김성삼, 이정훈, 임현기, 이성훈, 김주성 / **마케팅** 김호철, 심지연

이 책에 대한 의견이나 오탈자 및 잘못된 내용은 출판사 홈페이지나 아래 이메일로 알려주십시오.
파본은 구매처에서 교환하실 수 있습니다. 책값은 뒤표지에 표시되어 있습니다.

홈페이지 www.hanbit.co.kr / 이메일 question@hanbit.co.kr

Published by HANBIT Academy, Inc. Printed in Korea
Copyright © 2015 조준모 & HANBIT Academy, Inc.
이 책의 저작권은 조준모와 한빛아카데미(주)에 있습니다.
저작권법에 의해 보호를 받는 저작물이므로 무단 복제 및 무단 전재를 금합니다.

지금 하지 않으면 할 수 없는 일이 있습니다.
책으로 펴내고 싶은 아이디어나 원고를 메일(writer@hanbit.co.kr)로 보내주세요.
한빛아카데미(주)는 여러분의 소중한 경험과 지식을 기다리고 있습니다.

원리를 알면 IT가 맛있다

IT COOKBOOK

1시간 강의를 위해 3시간을 준비하는 마음!

군더더기 없는 핵심 원리 + 말랑말랑 쉬운 컨텐츠

핵심 원리 하나만 제대로 알면 열 가지 상황도 해결할 수 있습니다.
친절한 설명과 명확한 기승전결식 내용 전개로 학습 의욕을 배가시켜줍니다.

핵심 원리 → 풍부한 예제와 연습문제 → 프로젝트로 이어지는 계단 학습법

기본 원리를 다져주는 예제, 본문에서 배운 내용을 촘촘하게 점검해볼 수 있는 연습문제,
현장에서 바로 응용할 수 있는 프로젝트를 단계별로 구성해 학습의 완성도를 높였습니다.

학습욕구를 높여주는 현장 이야기가 담긴 IT 교과서

필드 어드바이저의 인터뷰와 주옥 같은 현업 이야기를 담았습니다.
강의실 밖 현장의 요구를 접하는 기회를 제공하고,
학생들 스스로 필요한 공부를 할 수 있도록 방향을 제시합니다.

지은이 **머리말**

경쟁력 있는 IT 전문가가 되기 위한 **재미있는 영어 산책**

자국어를 사용하는 한국인은 초등학교 전부터 직장인이 되기까지 영어 공부에 수많은 시간과 비용을 투자합니다. 그럼에도 불구하고 세계인들과 소통하거나 해외 사이트나 도서를 접하는 데 여전히 많은 어려움을 가지고 있는 것이 현실입니다.

학생이나 직장인이 자신의 전공에 관련된 내용을 해외 사이트나 원서를 통하여 습득하는 것은 매우 중요한 능력이라 할 수 있습니다. 특히, IT 관련 분야에서는 하루가 멀다 하고 새로운 기술들이 쏟아져 나오므로 이를 제대로 파악하고 좇아가지 못한다면 치열한 경쟁에서 뒤처질 수밖에 없을 것입니다.

모든 분야에서 그렇듯이 해당 분야에서 사용하는 기본 용어를 습득하면 관련 문장을 이해하는 데 큰 도움이 됩니다. 영문 사이트에서 IT 관련 정보를 얻고 싶은데 굳이 다른 분야의 용어를 따로 공부할 필요가 있을까요? 이 도서는 IT 관련 정보를 습득하기 위해 필요한 기본적인 용어와 지식을 익힐 수 있도록 하는 데 목적이 있습니다. 이렇게 쌓은 기본 지식을 토대로 간단한 문장으로 구성된 해외 사이트부터 지속적으로 검색한다면, 스스로 노하우가 쌓여 점점 더 수준이 높아질 것입니다. 물론 PC와 모바일, 클라우드, 빅데이터, 인공지능, 드론, 3D 프린팅과 같은 최신 기술의 내용은 국내 사이트에서도 정보를 검색할 수 있습니다. 그러나 전 세계에 널려 있는 방대한 정보와 크게 차이가 납니다. 양뿐만 아니라 질적인 면에서도 더 우수한 정보가 영어로 제공되고 있기 때문입니다. 특히 IT 분야를 전공하는 학생이라면 영어로 먼저 발표되는 최신 기술까지 거의 실시간 수준으로 빠르게 습득할 수 있어야 경쟁력 있는 전문가가 될 수 있습니다.

필자가 IT 관련 전공 과목을 강의할 때 느끼는 점은 일부 학생들이 여전히 영어에 두려움을 갖고 있다는 것입니다. 그래서 학생들에게 영어는 쉬운 것이라고 항상 강조하며, 수업에서도 문과 계통보다는 간단한 문장으로 구성된 쉬운 영어를 사용한다고 안심시킵니다.

이 책의 목표는 '영어에 대한 학생들의 거부감을 없애고, 동시에 영어에 재미를 느끼게 하며, 나도 잘할 수 있다는 자신감을 심어주는 것'입니다. 이를 위해 컴퓨터 과학의 주요 주제를 중·고등학교 영어 수준으로 쉽게 정리하여 담아냈습니다. 더불어 미국 신문이나 잡지에 자주 게재되고 있는 재미있는 전산 관련 삽화를 실어 흥미를 높였습니다. 또한 해외 사이트를 방문했을 때도 어려움 없이 간단한 문장을 해석할 수 있도록 다양한 IT 관련 웹사이트의 내용을 포함했습니다. 그리고 빠르게 변화하는 IT 분야를 다루는 책인 만큼 이번 개정3판에서는 새로운 기술을 소개하는 내용을 더 추가하고, 연습문제와 기출문제를 새롭게 교체하였습니다. 또한 기존 내용도 세밀하게 검토하여 구성을 정비하고 수정·보완하여 새로운 편집으로 단장하였습니다.

지난 수년간 접해온 영어이므로 누구든지 이 책에서 제시하는 쉬운 영어로 차분히 공부한다면 영어 실력이 크게 향상되리라 기대합니다. 그리고 영어가 쉽다는 것을 몸소 체감하고, 나날이 늘어가는 실력에 힘입어 자신감을 높일 수 있을 것이라고 확신합니다. 궁극적으로는 여러분이 해외 사이트에서도 원하는 자료를 더욱 손쉽게 찾을 수 있게 된다면 필자로서는 더는 바랄 것이 없겠습니다.

많은 관심 속에서 이 책을 집필·수정·보완할 수 있게 되어 기쁘고, 책이 완성되기까지 노력해 주신 한빛아카데미(주) 식구들에게 감사를 드립니다.

조준모

이 책의
사용 설명서

누구를 위한 책인가

컴퓨터과학, 컴퓨터공학, 정보통신공학을 전공하는 1~2학년생을 대상으로 하며, 대부분의 지문을 기본적인 전산 지식만 있으면 이해할 수 있는 쉬운 문장으로 구성하였습니다. 유명 문헌과 잡지에서 발췌한 신뢰도 높은 지문과 재미있는 삽화가 영어와의 거리를 더욱 좁혀줄 것입니다.

무엇을 다루는가

컴퓨터과학 전반을 아우르는 안목을 기를 수 있도록 다음과 같은 전산 관련 주요 주제 8가지를 다룹니다. 또한 각 장의 마무리에는 컴퓨터 영어를 재미있게 만날 수 있는 Practical English, 인터넷 생활·채팅 영어도 정리하였습니다.

Chapter 01 / Introduction to Computer System 컴퓨터의 정의 및 역사, 구조를 학습합니다. 특히 현재 컴퓨터의 발전 과정을 소개하고 컴퓨터의 구성 요소를 살펴봅니다.

Chapter 02 / Operating System 일반 사용자들이 널리 사용하는 윈도우, 리눅스, 유닉스, 안드로이드, iOS 등을 살펴보면서 운영체제의 원리를 알아봅니다.

Chapter 03 / Programming Language 프로그래밍 언어의 정의와 종류를 살펴봅니다. 오랫동안 각광받아온 C, C++와 가장 인기 있는 자바를 살펴보고 C#도 짚어봅니다.

Chapter 04 / Computer Network 컴퓨터 네트워크의 정의와 종류를 살펴봅니다. 또한 네트워크 토폴로지를 살펴봄으로써 네트워크의 개념을 상세히 알 수 있도록 합니다.

Chapter 05 / Internet 인터넷의 정의와 TCP/IP에 대해 살펴봅니다. 더불어 인터넷을 통해 널리 사용되는 인터넷 서비스의 종류와 활용에 대해서도 알아봅니다.

Chapter 06 / Multimedia 멀티미디어의 정의를 살펴보고 멀티미디어 구성 요소의 종류 및 특성을 살펴봅니다.

Chapter 07 / Database 데이터베이스의 개념과 종류를 살펴봅니다. 관계형 데이터베이스에 대해 알아보고 빅데이터를 상세히 살펴봅니다.

Chapter 08 / Artificial Intelligence 컴퓨터 관련 기술의 집약 기술이라고 할 수 있는 인공지능의 개념과 이를 응용한 전문가 시스템, 신경망 기술 등을 소개합니다.

이 책의 구성요소

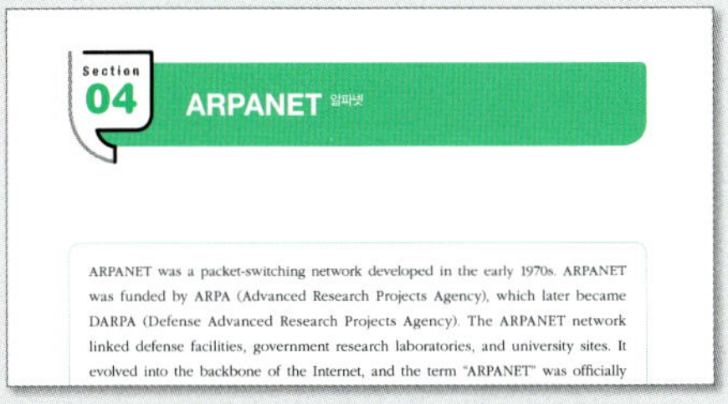

지문 / 수준 높은 지문을 통해 컴퓨터과학 전반의 기본 개념을 알 수 있습니다.

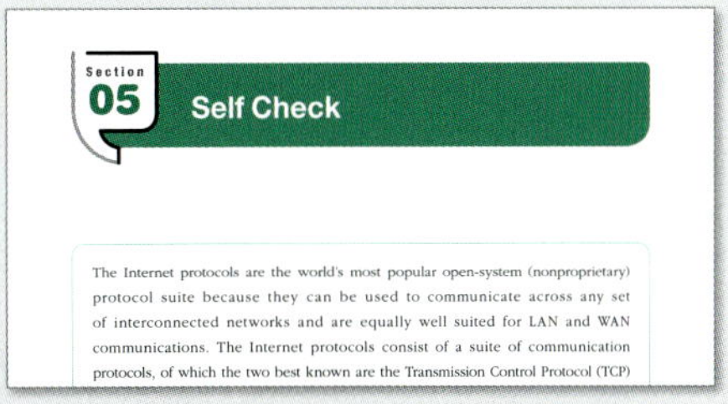

Self Check / 본문에서 배운 내용을 바탕으로 스스로 실력을 체크해 볼 수 있습니다.

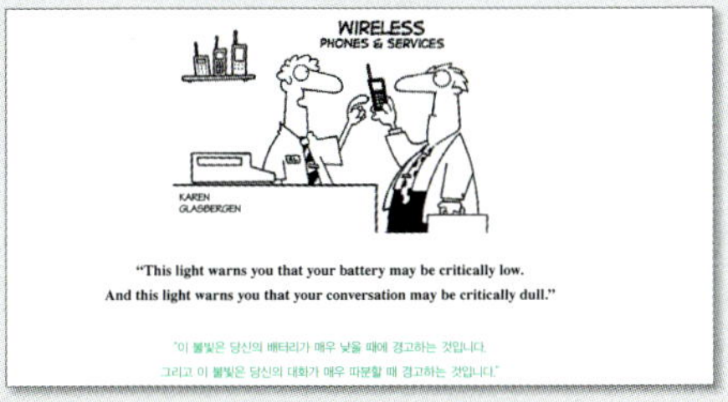

Practical English / 미국 신문이나 잡지에 자주 게재되는 재미있는 전산 관련 삽화를 소개합니다. 가벼운 영어 문법을 통해 쉽게 해석하는 방법을 익힐 수 있습니다.

인터넷 생활·채팅 영어 / IT 관련 업체 웹사이트의 내용을 소개하고, 채팅할 때 사용할 수 있는 관용 어구와 약어 등도 다룹니다.

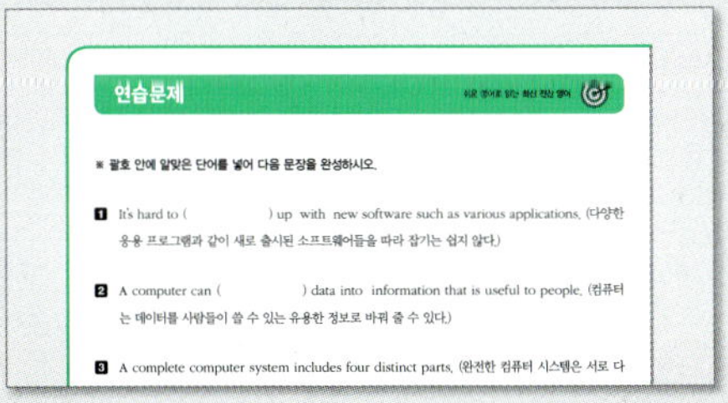

연습문제 / 문장에 적당한 용어 넣기, 약어 풀기, 독해하기 등의 다양한 문제를 통해 배운 내용을 정리할 수 있습니다.

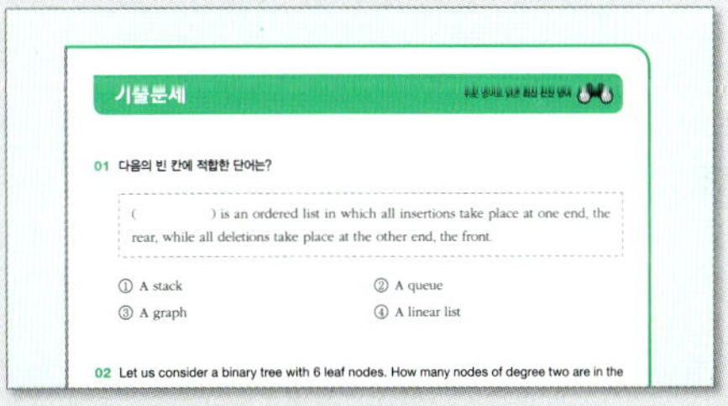

기출문제 / 정보처리기사·정보처리산업기사 기출문제를 수록해 실전에서도 활용할 수 있습니다.

강의 보조 자료

한빛 홈페이지(http://www.hanbit.co.kr)에서 '교수회원'으로 가입하신 분은 인증 후 교수용 강의 보조 자료를 제공받으실 수 있습니다. 한빛 홈페이지 우측 상단의 〈교수회원전용〉 아이콘을 클릭해 주세요.

목차
Contents

지은이 머리말 004
이 책의 사용 설명서 006

Chapter 01 Introduction to Computer System

Section 01 The Definition and History of Computer 019
01. The Definition of a Computer 019
02. The History of Computer 020

Section 02 The Structure of Computer 021
01. The Structure of a Computer 021
02. Hardware 022
03. Software 022
04. Data 023
05. User 023

Section 03 Ubiquitous Computing 024

Section 04 Self Check 025

Section 05 Practical English 026

• 영어 회화 실력 기르기 039
• 인터페이스 040
• 연습문제 041
• 기출문제 044

Chapter 02 Operating System

Section 01 **Introduction to Operating System** 049

01. Introduction to Operating System 049

02. The History of the Window Operating System 050

03. Network Operating System 051

Section 02 **Most Popular Operating System** 052

01. UNIX 052

02. Linux 053

03. Window 054

Section 03 **Mobile Operating System** 055

01. Android 055

02. iOS 057

Section 04 **Steve Jobs** 059

Section 05 **Self Check** 060

Section 06 **Practical English** 061

• 응용 프로그램 072

• 연습문제 073

• 기출문제 076

목차
Contents

Chapter 03 Programming Language

Section 01 Introduction to Programming Language 081
01. Programming Language 081
02. Assembly Language and Fourth-Generation Language 082
03. The Choice of Programming Language 082

Section 02 Type of Programming Language 084
01. C 084
02. C++ 085
03. Java 086
04. C# 087

Section 03 Object-Oriented Programming 088

Section 04 Self Check 091

Section 05 Practical English 092

- 인터넷 채팅 시작하기 103
- 현대자동차 웹사이트 108
- 연습문제 109
- 기출문제 112

Chapter 04 Computer Network

Section 01 Computer Network 117

01. The Definition of Computer Network 117

02. Type of Computer Network 118

03. Type of Network 119

Section 02 Network Topology 120

01. Type of Network Topology 120

Section 03 Kevin Mitnick 122

Section 04 Self Check 125

Section 05 Practical English 126

- IoT 137
- 연습문제 138
- 기출문제 140

목차
Contents

Chapter 05 Internet

Section 01 **Internet and TCP/IP** 147

01. Internet 147
02. TCP/IP 148

Section 02 **WWW and Internet Service** 149

01. WWW 149
02. Internet Service 150
03. E-mail 150
04. Telnet 151
05. FTP 152
06. SNS 153

Section 03 **Computer Security** 155

01. Computer Security 155
02. Security Threat 155
03. Security Tool 157

Section 04 **ARPANET** 159

Section 05 **Self Check** 161

Section 06 **Practical English** 162

- 채팅 용어와 약어 172
- IoE 176
- 연습문제 177
- 기출문제 179

Chapter

06 Multimedia

Section 01 The Definition of Multimedia 187

01. The Concept of Multimedia 187

02. Multimedia Element 189

Section 02 Type of Multimedia 191

01. Text 191

02. Graphic 192

03. Audio(Sound) 193

04. Video 193

05. Animation 194

Section 03 Drone 195

Section 04 Self Check 197

Section 05 Practical English 198

- 반도체 광고 210
- 연습문제 211
- 기출문제 214

목차
Contents

Chapter 07 Database

Section 01 **Introduction of the Database** 219

01. The Concept of the Database 219

02. The Hypertext Database and DBMS 220

Section 02 **The Classification of Database** 221

01. The Classification of Database 221

02. Relational Database 223

Section 03 **Big data** 224

01. Big data 224

02. Important Factors of Big data 225

Section 04 **Web Database** 227

Section 05 **Self Check** 229

Section 06 **Practical English** 230

- 인터넷 채팅 관용 어구 240
- 빅데이터 244
- 연습문제 245
- 기출문제 248

Chapter 08 Artificial Intelligence

Section 01 Introduction to the Artificial Intelligence 255

01. The Concept of the Artificial Intelligence 255

02. The Brief Concept of Artificial Intelligence Fields 257

Section 02 The Field of the Artificial Intelligence 259

01. Expert System 259

02. Natural Language 261

03. Neural Network 262

Section 03 Voice Recognition 263

Section 04 Self Check 265

Section 05 Practical English 266

- 뇌파 측정장치 276
- 연습문제 277
- 기출문제 280

Reference 285

Glossary 288

Chapter

01

Introduction to Computer System

Section 01 The Definition and History of Computer
Section 02 The Structure of Computer
Section 03 Ubiquitous Computing
Section 04 Self Check
Section 05 Practical English

Intro

— In these days, a computer is an essential gadget that most people want to have. But it's hard to catch up with new software such as various applications. It's always a thrill to unpack a new computer, but most people hate the process of migrating applications and data. First of all, let's study computer systems.

— 요즘 컴퓨터는 대부분의 사람들이 갖고 싶어 하는 필수 장치이다. 그러나 다양한 응용 프로그램과 같이 새로 출시되는 소프트웨어를 따라잡기는 쉽지 않다. 대개의 사람들은 새 컴퓨터의 포장을 뜯을 때는 설레지만 응용 프로그램과 데이터를 옮기는 과정은 싫어한다. 우선 컴퓨터 시스템에 대해 공부해 보자.

Section 01 The Definition and History of Computer 컴퓨터 정의와 역사

— 01 — The Definition of a Computer 컴퓨터 정의

- A device that accepts data, processes the data in accordance with a stored program, generates results, and usually consists of input, output, storage, arithmetic, logic, and control units.
- A functional unit that can perform substantial computation, including numerous arithmetic operations or logic operations, without human intervention during a run.

- 데이터를 받아들인 후 이를 저장된 프로그램에 따라 처리하여 결과를 생성하는, 일반적으로 입력, 출력, 저장, 산술, 논리, 제어 장치로 구성된 장치
- 실행 중에 인간의 간섭 없이 산술 연산 또는 논리 연산과 같은 상당량의 계산을 수행하는 기능 단위

Words

- device 장치, 장비
- accept 받아들이다, 수락하다
- process 처리하다
- in accordance with ~에 따라, ~에 일치하여
- stored program 저장된 프로그램
- generate 생성하다
- result 결과
- usually 일반적으로
- consist of ~로 구성되어 있다
- storage 저장
- arithmetic 산술
- logic 논리
- control unit 제어 장치
- functional 기능의
- perform 수행하다
- substantial 상당량의
- computation 계산
- operation 연산
- human (형용사) 인간의; (명사) 인간
- intervention 간섭
- run 실행

— 02 — The History of Computer 컴퓨터 역사

In 1944, the MARK I, composed of mechanical and electrical components, was developed to perform simple arithmetic. And the next models such as ENIAC and UNIVAC were built. Especially, the UNIVAC was the first commercial computer used by the U.S. Census Bureau. However, the vacuum tubes used in those machines generated enormous heat that shortened the life of tubes.

MARK I

After 1960s, the technology of the computer devices developed rapidly. The next devices used for computers were transistors and Integrated Circuits (IC). Finally, the microprocessors were adopted for the various computers today.

1944년에 단순한 연산을 수행하기 위해서 기계 및 전자 부품으로 구성된 마크 I이 개발되었다. 그리고 에니악과 유니박과 같은 다음 모델들이 만들어졌다. 특히 유니박은 미국 인구 조사국에서 쓰인 최초의 상용 컴퓨터였다. 하지만 이러한 장비에서 쓰인 진공관은 막대한 열을 발생시켜 수명이 짧았다.

1960년대 이후로 컴퓨터 소자 기술은 빠르게 발전했다. 트랜지스터와 집적 회로(IC)가 차세대 소자로 쓰였고 결국 오늘날의 다양한 컴퓨터에 마이크로프로세서가 도입되었다.

Words

- composed of ~로 구성된
- electrical component 전자 부품
- develop 발전시키다
- arithmetic 연산
- built build(세우다)의 과거형
- especially 특히
- commercial 상업의, 상업적인
- vacuum tube 진공관
- enormous 막대한, 거대한
- shorten 짧게 하다
- technology 기술
- rapidly 빠르게, 신속히
- Integrated Circuit(IC) 집적 회로
- adopt 채택하다, 채용하다

Section 02

The Structure of Computer 컴퓨터 구조

01 The Structure of a Computer 컴퓨터 구조

A computer is an electronic device used to process data. A computer can convert data into information that is useful to people. A complete computer system includes four distinct parts:

- Hardware
- Software
- Data
- User

컴퓨터는 데이터를 처리하는 데 사용하는 전자 장치이다. 컴퓨터는 데이터를 사람들에게 유용한 정보로 바꿔 줄 수 있다. 완전한 컴퓨터 시스템은 서로 다른 네 부분으로 구성된다.

- 하드웨어
- 소프트웨어
- 데이터
- 사용자

Words

- electronic device 전자 장치
- process (동사) 처리하다; (명사) 진행, 과정
- convert 변환하다
- information 정보
- useful 유용한
- complete 완전한, 모두 갖춘
- distinct (전혀) 별개의, (전혀) 다른
- part 부분(요소), 부품

— 02 — Hardware 하드웨어

Computer hardware consists of electronic devices; the parts you can see and touch. The term "device" refers to any piece of hardware used by the computer, such as a keyboard, monitor, mouse, etc.

컴퓨터 하드웨어는 보고 만질 수 있는 부품인 전자 장치로 구성된다. "장치"라는 용어는 키보드, 모니터, 마우스와 같이 컴퓨터에서 쓰이는 하드웨어 부분을 나타낸다.

Words

- consist of ~로 구성되어 있다
- part 부품, 요소
- touch 만지다
- term 용어, 기간
- refer to 나타내다, 간주하다, 지시하다
- piece 부분, 조각

— 03 — Software 소프트웨어

Software-also called programs-consists of organized sets of instructions for controlling the computer. ① Some programs exist for the computer's use, to help it manage its own tasks and devices. ② Other programs exist for the user, and enable the computer to perform tasks for you, such as creating documents.

소프트웨어는 프로그램이라고도 하며, 컴퓨터를 조정하기 위해 구성된 명령어 집합으로 이루어진다. ① 어떤 프로그램은 컴퓨터가 자체의 작업과 장치를 관리하도록 돕기 위해 존재한다. ② 다른 프로그램은 사용자를 위해 존재하며, 문서를 만들어 내는 것과 같이 사용자를 위한 작업을 수행할 수 있게 해 준다.

✚ 소프트웨어는 응용 프로그램과 시스템 프로그램으로 나뉜다. 지문에서 ①은 시스템 프로그램을, ②는 응용 프로그램의 역할을 설명하고 있다.

Words

- organized 구성된, 정리된
- instruction 명령어
- control 조정하다, 조절하다
- exist 존재하다
- use 사용
- manage 관리하다
- task 작업, 일
- enable 가능케 하다
- create 만들어 내다, 창조하다
- document 문서, 서류, 기록

04 Data 데이터

Data consists of raw facts, which the computer can manipulate and process into information that is useful to people. Computerized data is digital, meaning that it has been reduced to digits. The computer stores and reads all data as numbers. Although computers use data in digital form, they convert data into forms that people can understand.

데이터는 가공되지 않은 사실로 구성되며, 컴퓨터는 이러한 데이터를 사람에게 유용한 정보로 조작하고 처리할 수 있다. 컴퓨터화된 데이터는 디지털 형식으로, 이는 데이터가 숫자 형식으로 줄어들었음을 의미한다. 컴퓨터는 모든 데이터를 숫자로 저장하고 읽는다. 컴퓨터가 데이터를 디지털 방식으로 사용한다고 해도, 컴퓨터는 사람들이 이해할 수 있는 형태로 데이터를 변환한다.

Words

- raw 가공되지 않은
- fact 사실, 현실
- manipulate 처리하다, 조작하다
- computerized 컴퓨터화된
- mean 의미하다
- reduce 줄이다
- store 저장하다
- although 비록 ~이지만
- form 형태
- understand 이해하다

05 User 사용자

People are the computer operators, or users. Some types of computers can operate without much intervention from people, but personal computers are designed specifically for use by people.

사람들은 컴퓨터 운영자 또는 사용자이다. 어떤 컴퓨터는 사람이 별로 간섭하지 않아도 작동하지만, 개인용 컴퓨터는 사람이 명확하게 사용(작동)해야 움직이도록 제작되었다.

Words

- operator 운영자
- user 사용자
- intervention 간섭, 방해
- specifically 명확하게, 특히

Section 03

Ubiquitous Computing 유비쿼터스 컴퓨팅

Ubiquitous computing names the third wave in computing, just now beginning. First were mainframes, each shared by lots of people. Now we are in the personal computing era, person and machine staring uneasily at each other across the desktop. Next comes ubiquitous computing, or the age of calm technology, when technology recedes into the background of our lives. Alan Kay of Apple calls this "Third Paradigm" computing.

이제 막 시작되고 있는 유비쿼터스 컴퓨팅은 컴퓨팅에서 제3의 물결로 불리고 있다. 제1의 물결은 많은 사람이 공유했던 메인프레임의 시대였다. 지금(제2의 물결)은 사람과 기계가 책상 위에서 서로 딱딱하게 쳐다보고 있는 개인 컴퓨팅의 시대이다. 다음으로 기술이 우리의 삶 무대 뒤편으로 물러나는 고요한 기술의 시대, 유비쿼터스 컴퓨팅의 시대로 접어들고 있다. 애플의 앨런 케이는 이것을 "제3의 패러다임" 컴퓨팅이라고 부른다.

Words

- ubiquitous 어디에나 있는, 편재하는(omnipresent)
- wave 물결, 파도
- mainframe 메인프레임, 본체
- share 공유하다, 분배하다
- personal 개인의, 본인 스스로의
- era 시대, 시기
- stare 쳐다보다, 응시하다
- uneasily 딱딱하게, 쉽지 않게
- each other 서로
- calm 고요한, 조용한
- recede into the background 배후(뒷전)로 물러나다

Tip

마크 와이저

마크 와이저(Mark Wiser)는 1988년경 제록스에 근무하면서 유비쿼터스라는 개념을 최초로 제안한 사람입니다. 이후 여러 논문을 통해 유비쿼터스 개념을 정립했습니다.

유비쿼터스

유비쿼터스(Ubiquitous)는 광범위한 개념이지만 간략히 정의하면 '언제 어디에서나 컴퓨터를 이용할 수 있음'을 의미합니다. 즉 손목에 차고 있는 장치, 또는 주변에 놓여 있는 각종 컴퓨터 장치를 이용해서 컴퓨터를 사용할 수 있다는 개념입니다.

Section 04

Self Check

The computer monitor is an output device that is part of your computer's display system. A cable connects the monitor to a video adapter (video card) that is installed in an expansion slot on your computer's motherboard. This system converts signals into text and pictures and displays them on a TV-like screen (the monitor).

The computer sends a signal to the video adapter, telling it what character, image or graphic to display. The video adapter converts that signal to a set of instructions that tell the display device (monitor) how to draw the image on the screen.

Words

- display 출력 표시
- connect 연결하다
- install 설치하다
- expansion slot 확장 슬롯
- convert 변환하다
- a set of instructions (컴퓨터) 명령 집합

The various connectors and ports on the computer allow it to communicate with many different devices and peripherals attached. Because there are so many cables and cords attached to the back of the computer, and so many different types of connectors, it often seems a little intimidating to newer users. Although there are some devices which may use the same connector or port, the individual devices and their cords can only physically attach to one certain type of connector; so don't feel nervous about hooking your system together.

Words

- various 다양한
- connector 접속기, 연결기
- peripheral (형용사) 주변의; (명사) 주변 장치
- intimidate 겁을 주다, 위협하다
- although 비록 ~이지만
- physically 물리적으로
- nervous 과민한, 불안한
- hook 잠그다, 연결하다

Section 05

Practical English

01

"I'm using Hotmail, but my hands are still cold."

"나는 핫메일(Hotmail)을 사용하고 있어. 그런데 내 손은 여전히 차가워."

Words

- **be ~ing** ~하고 있다(현재 진행되고 있는 상황)
- **Hotmail** MSN의 이메일 서비스 이름
- **still** 여전히
- **cold** (손, 발, 몸 등이) 차가운, 시린

문장 해설

앞 구문에서 주어는 I이고 서술어는 be ~ing로 현재진행형입니다. 그리고 뒷 구문에서는 my hands가 주어이고 are는 서술어입니다.

핫메일(Hotmail)은 마이크로소프트에서 제공하는 이메일 서비스를 말하지만, 단어 그대로 해석하면 '뜨거운 우편물'이 됩니다. 그래서 컴퓨터를 사용하는 펭귄이 '나는 뜨거운 우편물을 만지고 있는데 손이 왜 이렇게 시리지?'라고 말하는 것입니다.

✚ 앞으로 등장하는 삽화는 재미있는 것이 많습니다. 캐릭터들이 말하는 문장은 자주 사용되는 영어 표현이고, 모두 전산 관련 내용이라 쉽게 전산 용어를 익힐 수 있을 것입니다. 게다가 영어권에서는 어떻게 문장을 구성하고 사용하는지 살펴볼 수 있는 기회가 됩니다.

응용 문장

본문의 문장을 활용하여 새로운 문장을 만들어 봅시다.

I 'm using a heater, but my hands are still cold.
나는 전열기를 사용하고 있지만 내 손은 여전히 차갑다.

핫메일(Hotmail)을 전열기(heater)로 바꾸었을 뿐입니다. 너무 쉽죠? 내친김에 한걸음 더 나가 보도록 합시다.

You're using a heater, but my legs are cold.
당신은 전열기를 사용하고 있지만 내 다리는 차가워요.

주어가 I에서 You로 바뀌었습니다. You're는 You are의 준말입니다. 다리는 leg지만 보통은 다리가 두 개이므로 legs라고 사용됩니다.

02

www.glasbergen.com

"My screen is hard to read. Can I have a bigger monitor?"

"화면이 읽기 힘들어요. 더 큰 모니터로 바꿀 수 있을까요?"

Words

- **screen** 화면
- **hard to read** 읽기가 힘든
- **Can I have?** 내가 ~를 가져도 될까요?, 내가 ~를 얻을 수 있을까요?
- **bigger** big(큰)의 비교급

문장 해설

첫 번째 문장은 비교적 쉽습니다. My screen이 주어이고 is가 서술어입니다. be 동사는 '~가 어떻다'라는 상태를 나타내거나 '~가 있다'는 존재를 나타낼 수 있는데 여기서는 상태를 나타냅니다. bigger는 big의 비교급이므로 a bigger monitor는 '더 큰 모니터'를 말합니다.

앉아 있는 직원이 사장님에게 자신의 화면은 글을 읽기 힘들다(hard to read)고 불평하고 있군요.

응용 문장 hard to read는 매우 좋은 표현이고 자주 사용되므로 꼭 알아 둡시다. 그럼 응용 문장을 만들어 보겠습니다.

It's easy to read.
그것은 읽기가 쉽다.

It's hard to breathe.
숨쉬기가 힘들다.

It's fun to play.
그것은 놀기에 재미있다(그것은 재미있는 놀이다).

두 번째 문장 Can I have ~도 쉽지만 자주 사용되는 표현입니다. 이 표현만 알아도 영어권 국가에서 살아남는다는 말이 있습니다.

Can I have a hamburger?
내가 햄버거를 가져도(먹어도) 될까요?

Can I have your winter coat?
내가 당신의 겨울 코트를 가져도 될까요?

Can I have your money?
내가 당신의 돈을 가져도 될까요?

03

**"I looked up your symptoms on Google.
If you want a second opinion, I can check Yahoo."**

"당신의 증상을 구글에서 찾아봤는데요,
만약 다른 의사의 진단을 원하시면 제가 야후에서 찾아보겠습니다."

Words

- look up 찾다
- symptom 증상, 증세
- second opinion 다른 의사의 의견(진단)

문 장 해 설 주어가 I이고 looked up이 서술어인 매우 평범하고 쉬운 문장입니다. 여기서 looked up은 '위를 쳐다보다'가 아니라 '찾는다'라는 의미입니다.

두 번째 문장에서 a second opinion은 두 번째 견해(진단)라는 뜻으로 실력이 의심되는 의사의 한 마디였습니다.

응 용 문 장 본문에서 사용된 a second opinion이라는 표현의 예를 살펴봅시다.

Olaf: Do you want to build a snowman?

눈사람 만들래?

Mickey: alright!

좋아!

Mickey: On a second opinion, I caught a cold and I cannot go with you right now.

다시 생각해 보니 지금 감기에 걸려서 너와 함께 못 가겠어.

비슷한 표현으로 a second thought도 있습니다.

Olaf: Do you want to build a snowman?

눈사람 만들래?

Mickey: Without a second thought, I can't wait for it!

두 번 생각할 것도 없이 바로 나가자!

04

www.glasbergen.com

**"I think he's ready to start using the computer.
He just said 'Google'!"**

"나는 아기가 컴퓨터를 사용하는 것을 시작할 준비가 되었다고 생각해.
지금 막 '구글'이라고 말했거든."

Words

- ready to start 시작할 준비가 된
- using the computer 컴퓨터를 사용하는 것
- just 막, 방금

문장 해설

첫 번째 문장에서 I think ~는 '나는 ~라고 생각해'로 해석합니다. 두 번째 문장은 간단합니다. He said ~는 '그가 ~라고 말했다'가 됩니다. just는 여러 가지 의미로 해석할 수 있지만 여기에서는 '막, 방금'으로 해석하는 것이 좋습니다. 이 밖에도 just는 '올바른, 정확히, 겨우, 다만'과 같이 여러 가지 의미를 담고 있습니다.

남편이 아내에게 "당신이 없을 때 우리 애가 '구글'이라고 말했으니 이제 컴퓨터를 시작해도 될 것 같아!"라고 말합니다. '구글'이 아기 옹알이 소리와 비슷하다는 점을 생각하면 상황을 이해할 수 있을 것입니다. 구글은 스탠포드대학교에서 개발한 것으로, 탁월한 검색 알고리즘과 수많은 하드웨어를 통합한 검색 사이트입니다.

응용 문장

본문에서 be ready to가 사용되었습니다. be ready to+(동사원형)의 형태로 '~할 준비가 되어 있다'로 해석할 수 있습니다. 비슷한 뜻으로 be willing to+(동사원형)과 be prepared for ~ing 역시 사용할 수 있습니다. 예를 들어 보겠습니다.

We are ready to study the C programming language.
우리는 C 프로그래밍 언어를 배울 준비가 되었다.

표현은 다르지만 같은 의미의 문장입니다.

We are willing to study the C programming language.
We are prepared for studying the C programming language.

05

www.glasbergen.com

"Of course I brought it with me
- I still have 250 unused minutes!"

"당연히 가지고 왔지.
아직 사용하지 않은 통화가 250분이나 남아 있는데!"

Words

- **of course** 당연히, 물론
- **brought** bring(가져오다)의 과거형
- **still** 여전히
- **unused** 사용하지 않은
- **minute** (시간의) 분

문 장 해 설

I brought it with me는 '나는 그것을 나와 함께 가지고 왔다'는 뜻으로 '내가 그것을 가지고 왔다'로 해석할 수 있습니다. 가지고 온 것은 250 unused minutes로 '사용하지 않은 250분의 통화 시간'을 말합니다.

응 용 문 장

그럼 '그것을 나에게 가져와라'는 문장을 만들어 봅시다. 영어에서 명령문은 동사가 문장 앞으로 오면 됩니다. '가지고 오다'에 해당하는 bring을 문장 앞에 쓰고 'Bring it to me!'라고 하면 됩니다.

Bring it to me!
그것을 나에게 가져와라!

그리고 have를 이용해서 '나는 내 컴퓨터에 20기가바이트의 하드디스크 공간을 가지고 있다'라는 문장을 만들어 봅시다. 주어는 I(나), 서술어는 have(가지다), '20기가바이트의 하드디스크 공간'은 a 20 gigabytes hard disk space, '내 컴퓨터에'는 in my computer라고 하면 됩니다.

I have a 20 gigabytes hard disk space in my computer.
나는 내 컴퓨터에 20기가바이트의 하드디스크 공간을 가지고 있다.

06

www.glasbergen.com

"You should turn off your cell phone on a date, especially if it's smarter and cooler than you are."

"특히 당신 폰이 당신보다 더 똑똑하고 더 멋지다면 데이트할 때는 휴대폰을 꺼 두세요."

Words

- turn off 끄다
- on a date 데이트할 때
- especially 특히
- smarter (smart의 비교급) 머리가 좋은, 현명한
- cooler (cool의 비교급) 훌륭한, 근사한, 멋진

문장 해설

기본적인 문장으로 표현하면 You should A, if B로 나타낼 수 있습니다. '만약 B라면 당신은 A를 해야만 한다'로 해석하는데 if 앞에 especially는 '특히'라고 해석하면 됩니다.

A에 해당하는 내용은 turn off your cell phone on a date이며 '데이트할 때는 휴대폰을 꺼 두시오'라는 의미입니다. B에 해당하는 내용은 it's smarter and cooler than you are로 '그것이 당신보다 더 똑똑하고 멋지다'라고 풀이할 수 있습니다. 이때 '그것'은 스마트폰입니다.

결국 자신을 부각시키기 위해 멋진 휴대폰의 존재를 숨기라는 의미가 됩니다. 즉 상대방의 휴대폰을 집어 들면서 말하기를, 당신보다 스마트폰에 더 관심이 간다고 무례를 범하고 있는 장면입니다.

07

www.glasbergen.com

**"I love reading. I read about 3 hours a day.
My favorite book is Facebook"**

"저는 독서를 사랑합니다. 저는 하루에 3시간씩 읽습니다.
제가 제일 좋아하는 책은 페이스북입니다."

Words

- reading 독서
- favorite 좋아하는 것, 마음에 드는 것

문장 해설

여기에는 3개의 문장이 있네요. 먼저 첫 번째 문장을 잘 활용해 봅시다. 매우 간단한 문장이며 긍정적인 의미를 담고 있습니다. I love jogging, I love swimming, I love playing the piano 같은 문장들을 활용하여 평소에 많이 사용해 보면 어떨까요?

love와 like는 뒤에 ~ing가 올 수도 있고 to부정사가 와도 됩니다. 즉 I love to swim, I love to play the piano도 옳은 표현입니다.

다음 문장도 간단합니다. 주어는 I, 서술어는 read인데 read라는 단어는 과거형도 read, 현재형도 read입니다. 그렇다면 여기에서는 과거형으로 쓰였을까요, 현재형으로 쓰였을까요? 내용을 보니 하루에 (매일) 3시간씩 읽는 습관을 말하고 있으므로 현재형으로 쓰이고 있습니다.

마지막 문장도 많이 애용할 수 있는 문장이네요. My favorite A is B 형태입니다. 예를 들면 My favorite cartoon is Mi-Saeng, My favorite sports is soccer 등으로 활용할 수 있습니다.

08

"This light warns you that your battery may be critically low.
And this light warns you that your conversation may be critically dull."

"이 불빛은 당신의 배터리가 매우 낮을 때에 경고하는 것입니다.
그리고 이 불빛은 당신의 대화가 매우 따분할 때 경고하는 것입니다."

Words

- light 불빛, 광선, 발광체
- warn 경고하다
- battery 배터리, 건전지
- critically 위태롭게, 위급하게; 매우
- conversation 대화
- dull 따분한, 재미없는

문장 해설

2개의 문장은 and로 연결되어 있으며 각각 A warns you B 형태로 구성되어 있습니다. 'A가 당신에게 B를 경고한다'는 의미로 각각의 B는 that절로 이루어져 있습니다.

영어 회화 실력 기르기

인터넷 채팅에 관한 이야기를 하기 전에 영어 회화 실력을 키울 수 있는 가장 좋은 방법에 대해 설명하겠습니다.

영어 회화 실력을 키울 수 있는 가장 좋은 방법은 무엇일까요? 우선 많이 듣고 따라 하는 것입니다. TV 방송, 라디오, 팟캐스트 중 어떤 매체라도 좋으나 일상적인 회화 속도로 말하는 내용이어야 합니다. 물론 '많이 듣고 따라 하기'라고 하면 "그렇게 빨리 말하는 것을 따라 할 수 있다면 벌써 대단한 실력자죠!"라고 하는 사람이 있을 것입니다. 하지만 '빠른 속도로, 정확한 발음에, 뜻을 이해하면서'가 아니라 '빠르긴 하지만, 중얼거리듯이, 뜻을 이해하지 못해도 따라 하라'는 말입니다. 그럼 또 "모르는 단어를 중얼거리며, 뜻도 이해하지 못하면 무슨 도움이 됩니까?"라고 할 수 있습니다. 하지만 우선은 하루에 한두 시간씩만 투자해 보십시오. 사람에 따라서 다르겠지만 세 달에서 여섯 달 정도면, 자신의 실력이 놀랄 만큼 향상되는 것을 경험할 수 있을 것입니다.

많이 듣다 보면 언젠가는 자신도 모르게 입에서 말이 튀어 나옵니다. 컵에 물을 부어 넣는 것과 같습니다. 계속 부어 넣으면 언젠가는 넘쳐흐르는 것처럼 처음에는 들어도 무슨 말인지 모르겠지만, 계속해서 듣다 보면 어느 날 갑자기 귀가 열리고 조금씩 말이 나오게 될 것입니다. 갑자기 귀가 열린다고 하면 좀처럼 믿기지 않겠지만, 주위를 둘러보면 이런 경험을 한 사람을 어렵지 않게 찾을 수 있습니다. 다만 몇 가지 지켜야 할 사항이 있습니다.

하나, 매일 지속적으로 실시하기
- 미국에서 생활하듯이 하루에 1시간만이라도 거르지 말고 매일 해 봅시다.
- 10분씩 여러 번에 걸쳐서 하는 것보다 가능하면 30분씩 두 번 또는 1시간 동안 지속적으로 하는 것이 좋습니다.

둘, 자신이 아는 단어가 있는지 집중하면서 듣기
- 계속 듣다 보면 들리는 단어가 점점 많아집니다.
- 모르는 단어이지만 많이 들리는 단어는 사전에서 찾아봅시다.

셋, 높낮이에 맞춰 따라 말하기
- 정확한 발음이 아니더라도 문장 단위로 음의 높낮이(intonation)와 길이를 같은 속도에 맞춰 따라 읽어봅시다.

인터페이스

English

The first human brain-to-brain interface has been created.

In the future, will we all be linked telepathically?

첫 번째 인간 두뇌 간 인터페이스가 만들어졌다.

미래에는 우리 모두가 텔레파시적으로 연결될까?

인터페이스(interface)는 명사형으로 '중간면, 접촉면'이라는 원래의 뜻이 있는데 바로 '인터페이스'라고 흔히 얘기하고 있습니다. 동사형으로는 '(인터페이스)로 접속하다'로 해석합니다. 예를 들면 컴퓨터와 사람의 인터페이스는 무엇일까요? 네, 대표적인 것이 키보드(keyboard), 마우스(mouse)입니다. 특히 컴퓨터 분야에서는 키보드를 표준입력장치라고도 합니다. 그런데 요즘 인터페이스 분야에서 기술이 급속히 발전하고 있으며 그 대표적인 기술이 바로 뇌파(brainwave)를 이용한 인터페이스라고 할 수 있습니다.

상단의 구문은 2개의 문장으로 되어 있네요. 첫 번째 문장을 해석해 보겠습니다. 주어와 서술어를 찾아보면 결국 이 문장은 미사여구 없이 그냥 주어와 서술어로 이루어져 있다는 것을 알 수 있습니다. 서술어는 has been created이며 주어는 그 앞의 모든 부분이 되겠습니다. 두 번째 문장은 간단한 의문문인데 all이라는 단어 때문에 좀 복잡해 보일 수 있습니다. In the future라는 명사구와 all을 빼고 부사인 telepathically도 빼면 문장이 훨씬 더 쉬워 보입니다. will we be linked?가 되며 '우리는 연결될까요?'로 해석하면 되겠습니다.

연습문제

※ 괄호 안에 알맞은 단어를 넣으시오.

1 It's hard to (   ) up with new software such as various applications. (다양한 응용 프로그램과 같이 새로 출시된 소프트웨어들을 따라 잡기는 쉽지 않다.)

2 A computer can (   ) data into information that is useful to people. (컴퓨터는 데이터를 사람들이 쓸 수 있는 유용한 정보로 바꿔 줄 수 있다.)

3 A complete computer system includes four distinct parts. (완전한 컴퓨터 시스템은 서로 다른 네 부분으로 구성된다.)

- Hardware
- Software
- (   )
- User

※ 다음 문장을 읽고 내용상 틀린 부분에 밑줄을 그으시오.

4 Computer: A functional unit that can perform substantial computation, including numerous arithmetic operations or logic operations, with human intervention during a run.

5 Computerized data is analog, meaning that it has been reduced to digits.

※ 다음 문장을 해석하시오.

6 A computer is an essential gadget that most people want to have.

____

7 The next models such as ENIAC and UNIVAC were built.

___

※ [ ] 안의 단어를 활용하여 아래의 문장을 완성하시오.

8 컴퓨터의 하드웨어는 전자 장치로 구성되어 있다. [of / consist]

Computer hardware ( ) ( ) electronic devices.

9 어떤 컴퓨터는 사람이 별로 간섭하지 않아도 작동한다. [without / from / intervention / type]

Some ( ) of computers can operate ( ) much ( ) ( ) people.

※ 아래의 글을 참조하여 질문에 답하시오.

10 What is developed to perform simple arithmetic? ( )

> The MARK I was developed to perform simple arithmetic.

11 How the computer stores and reads all data as? ( )

> The computer stores and reads all data as numbers.

12 What can be manipulated and processed into information that is useful to people by the computer? (   )

> Data consists of raw facts, which the computer can manipulate and process into information that is useful to people.

해답

1 catch

2 convert

3 Data

4 with → without

5 analog → digital

6 컴퓨터는 대부분의 사람들이 갖고 싶어 하는 필수 장치이다.

7 에니악과 유니박 같은 다음 모델들이 만들어졌다.

8 (consists), (of)

9 (types), (without), (intervention), (from)

10 MARK I

11 numbers

12 data

기출문제

01 다음의 빈 칸에 적합한 단어는?

> (   ) is an ordered list in which all insertions take place at one end, the rear, while all deletions take place at the other end, the front.

① A stack
② A queue
③ A graph
④ A linear list

02 Let us consider a binary tree with 6 leaf nodes. How many nodes of degree two are in the binary tree?

① 4
② 5
③ 6
④ 7

03 다음 영문이 의미하는 것은?

> To arrange items of information according to rules dependent upon a key of field contained in the items or records.

① Sort
② Overflow
③ Matching
④ Searching

04 다음 문장의 괄호 안 내용 ① ~ ⑤에 가장 적합한 항목을 넣으시오.

(①), including all physical components of a computer, differentiates itself from (②) which provides instruction sets to allow data and hardware to execute specific task. Sometimes boundary of (①) and (②) is vague. For instance, firmware is (②) "included" in (①), but the firmware belonging to a certain part is generally a field of computer programmers and computer scientists - it is not an issue that actual users should consider.

An (③) is a set of programs that provide the user with an interface to communicate with the computer and improve the efficiency and productivity of the overall system. The purpose of an (③) can be summarized as reducing turn-around time, enhancing throughput, increasing reliability, thereby boosting availability.

(④) is the ability to run more than one program at the same time. An example of (④) is downloading files from the Internet while listening to MP3 music files.

(⑤) - A programming, the process of finding and correcting errors, or bugs, in the source code of a computer program.

01 ②

문제해석: 큐는 모든 삭제가 front라는 다른 끝 부분에서 발생할 때 모든 삽입이 rear 부분인 한쪽 끝에서 발생하는 정렬된 리스트이다.

02 ②

문제해석: 단노드가 6개 있는 이진트리가 있다고 하자. 이 이진트리에서 차수(디그리)가 2인 노드의 수는 몇 개인가?

문제풀이 1: 6개의 단노드(leaf or terminal nodes)를 가진 이진트리를 아래와 같이 그려서 차수(degree)가 2인 노드를 센다.

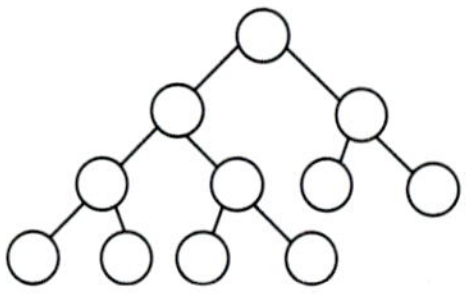

차수(디그리)가 2라는 것은 자식노드가 2개라는 의미이며 상단의 트리에서 자식을 둘 가지고 있는 노드의 개수는 모두 5개라는 것을 알 수 있다.

문제풀이 2: 아니면 아래의 공식을 이용하여 구할 수도 있다.

$n_0 = n_2 + 1$이라는 기존의 공식을 수정하면 $n_2 = n_0 - 1$ 이라는 공식을 얻을 수 있으며 이를 적용하면 된다. 이때 n_0는 단노드의 개수, n_2는 차수가 2인 노드의 개수이다.

문제에서 주어진 것과 같이 본 이진트리에서 n_0는 6이기 때문에 계산은 $n_2 = 6 - 1 = 5$이며 차수가 2인 노드의 수는 5라는 결과를 간단히 얻을 수 있다.

03 ①

문제해석: 아이템이나 레코드에 포함된 필드의 키에 의존하는 규칙에 따라 정보의 항목들을 배치하는 것

04 ① Hardware ② Software ③ OS ④ Multitasking ⑤ Debug

컴퓨터의 물리적인 구성 요소를 모두 포함하는 (하드웨어)는 데이터와 하드웨어가 특정 작업을 수행하기 위한 명령어 집합을 제공하는 (소프트웨어)와 다르다. 때때로 (하드웨어)와 (소프트웨어)의 경계는 모호하다. 예를 들어 펌웨어는 (하드웨어)에 '내장된' (소프트웨어)이지만 일정 부분에 속한 펌웨어는 일반적으로 컴퓨터 프로그래머와 컴퓨터 과학자의 분야에 속한다. – 이는 실제 사용자가 고려해야 하는 문제는 아니다.

(운영체제)는 사용자에게 컴퓨터와 통신하고 전체 시스템의 능률과 생산성을 향상시키는 인터페이스를 제공하는 프로그램의 집합이다. (운영체제)의 목적은 회송 시간 감소, 처리율 향상, 신뢰성 재고, 결과적으로 가용성을 높이는 것으로 요약될 수 있다.

(멀티태스킹)은 동시에 두 개 이상의 프로그램을 실행하는 기능이다. 예를 들어 MP3 음악 파일을 듣는 동안 인터넷에서 파일을 다운로드하는 것이 (멀티태스킹)이다.

(디버그) – 프로그래밍, 컴퓨터 프로그램의 소스 코드에서 오류나 버그를 찾고 정정하는 과정

Chapter

02

Operating System

Section 01 Introduction to Operating System
Section 02 Most Popular Operating System
Section 03 Mobile Operating System
Section 04 Steve Jobs
Section 05 Self Check
Section 06 Practical English

Intro

An Operating system is system software that controls the execution of computer programs and may provide various services. Nowadays, there are various operating systems that are available such as UNIX, Linux, and Windows. Also, they are the most widely used system software for Web servers. Let's study the subjects related to the operating systems in this chapter.

운영체제는 컴퓨터 프로그램의 실행을 제어하고, 다양한 서비스를 제공할 수 있는 시스템 소프트웨어다. 요즈음에는 유닉스, 리눅스, 윈도우와 같은 다양한 운영체제를 이용할 수 있다. 이러한 운영체제들은 웹서버로 가장 많이 사용되는 시스템 소프트웨어이기도 하다. 이 장에서는 운영체제와 관련된 내용을 공부해 보자.

Section 01

Introduction to Operating System 운영체제 소개

01 Operating System 운영체제

An Operating System (OS) controls all the operations that take place in a computer. In other words, the OS manages all the resources of a computer such as various software and hardware devices. The operating system is also responsible for security. For example, it protects the system from unauthorized users by allowing only authorized users to access the computer. The operating systems such as UNIX, Linux, and Windows are the most widely used systems for computers.

운영체제(OS)는 컴퓨터에서 발생하는 모든 작업을 제어한다. 즉 OS는 다양한 소프트웨어와 하드웨어 장비 같은 컴퓨터 자원을 모두 관리한다. 운영체제는 보안도 책임진다. 예를 들어 권한을 부여받은 사용자만 컴퓨터에 접근할 수 있도록 허용함으로써 권한이 없는 사용자로부터 시스템을 보호한다. 유닉스, 리눅스, 윈도우는 컴퓨터에서 가장 널리 사용되는 운영체제이다.

Words

- operating system 운영체제
- operation 작업
- take place 발생하다
- resource 자원
- responsible 책임이 있는
- security 보안
- protect 보호하다, 지키다
- authorized 권한을 부여받은
- access 접근하다
- widely 널리

02 The History of the Window Operating System 윈도우 역사

Microsoft works on the first version of a new operating system. Interface Manager is the code name and is considered as the final name, but Windows prevails because it best describes the boxes or computing "windows" that are fundamental to the new system. Windows is announced in 1983, but it takes a while to develop. Skeptics call it "vaporware."

On November 20, 1985, two years after the initial announcement, Microsoft ships Windows 1.0. Now, rather than typing MS-DOS commands, you just move a mouse to point and click your way through screens, or "windows." Bill Gates says, "It is unique software designed for the serious PC user."

There are drop-down menus, scroll bars, icons, and dialog boxes that make programs easier to learn and use. You're able to switch among several programs without having to quit and restart each one. Windows 1.0 ships with several programs, including MS-DOS file management, Paint, Windows Writer, Notepad, Calculator, and a calendar, card file, and clock to help you manage day-to-day activities. There's even a game-Reversi.

마이크로소프트는 새 운영체제의 첫 번째 버전을 만드는 일을 시작했다. Interface Manager는 코드명과 동시에 최종 이름으로 간주되었지만, 새 시스템의 기본이 되는 상자나 컴퓨팅 "창"을 가장 효과적으로 묘사하는 윈도우라는 이름이 유행하였다. 윈도우는 1983년에 발표되었지만, 개발하기까지는 시간이 좀 걸리게 된다. 회의론자들은 이를 "베이퍼웨어(개발 중부터 요란하게 선전하지만 실제로는 완성될 가능성이 없는 소프트웨어)"라고 불렀다.

최초로 발표되고 2년 후인 1985년 11월 20일 마이크로소프트는 윈도우 1.0을 선보인다. 이제 MS-DOS 명령을 입력하는 대신 화면이나 "창"에서 마우스를 움직여 원하는 방향을 가리키고 클릭만 하면 된다. 빌 게이츠는 "진정한 PC 사용자를 위해 설계된 고유한 소프트웨어"라고 말했다.

드롭다운 메뉴, 스크롤바, 아이콘 및 대화 상자는 프로그램을 배우고 사용하기 쉽도록 도와준다. 각 프로그램을 종료하고 다시 시작할 필요 없이 여러 프로그램 사이를 전환할 수 있다. 윈도우 1.0은 MS-DOS 파일 관리, 그림판, 윈도우 기록기, 메모장, 계산기, 달력, 카드 파일 및 시계를 비롯한 다양한 프로그램을 함께 제공하므로 일상적인 작업에 매우 편리하게 사용할 수 있다. 리버시 게임까지 즐길 수 있다.

Words

- work on ~에 노력을 들이다, 착수하다(어떤 일을 시작하다)
- consider 간주하다
- prevail 유행하다, 우세하다, 널리 보급되다
- describe 묘사하다
- fundamental 기본의, 근본적인
- announce 알리다, 발표하다
- skeptic 회의론자
- initial 처음의, 최초의
- unique 고유한, 하나밖에 없는
- ship 적재하다, 제공하다
- day-to-day 나날의; 일상적인

03 Network Operating System 네트워크 운영체제

A Network Operating System (NOS) is an operating system that includes special functions for connecting computers and devices into a local-area network (LAN). Some operating systems, such as UNIX and the Mac OS, have networking functions built in. The term network operating system, however, is generally reserved for software that enhances a basic operating system by adding networking features.

네트워크 운영체제(NOS)는 근거리 통신망(LAN)에 컴퓨터와 장치들을 연결하는 특수한 기능을 포함하는 운영체제이다. 유닉스와 맥 OS와 같은 일부 운영체제에는 네트워킹 기능이 내장되어 있다. 그러나 네트워크 운영체제는 일반적으로 네트워킹 기능을 추가하여 기본 운영체제를 향상시키는 소프트웨어로 제한하는 용어이다.

Words

- function 기능
- local-area network 근거리 통신망
- built in 내장된, 본래 갖춰진
- generally 일반적으로
- reserved 제한된, 예약된
- enhance 향상시키다, 높이다

Section 02

Most Popular Operating System 가장 인기 있는 운영체제

01 UNIX 유닉스

Unix, pronounced yoo-niks, is a popular multi-user, multitasking operating system developed at Bell Labs in the early 1970s. UNIX was designed to be a small, flexible system used exclusively by programmers. UNIX was one of the first operating systems to be written in a high-level programming language, namely C. Bell Labs distributed the operating system in its source language form. So anyone who obtained a copy could modify and customize it for his own purposes.

By the end of the 1970s, dozens of different versions of UNIX were running at various sites. After its breakup in 1982, AT&T began to market UNIX in earnest. It also began the long and difficult process of defining a standard version of UNIX.

Historically, it has been less popular in the personal computer market. However, due to its portability, flexibility, and power, UNIX has become a leading operating system for workstations.

Unix는 유닉스라고 발음하며 1970년대 초반에 벨 연구소에서 개발된 인기 있는 다중 사용자·다중 작업 운영체제이다. 유닉스는 작고 유연한 시스템으로 설계되었으며 오로지 프로그래머들만 사용했다. 유닉스는 C라는 고급 프로그래밍 언어로 쓰인 최초의 운영체제 중 하나이다. 벨 연구소에서는 그 운영체제를 소스 언어 형태로 배포했다. 그래서 그 복사본을 획득한 사람이라면 누구나 자신의 목적에 맞게 수정하고 커스터마이즈하여 쓸 수 있었다.

1970년대 후반에 이르러서는 수많은 유닉스 버전이 다양한 사이트에서 제공되었다. 1982년에 분리된 후(AT&T사가 분사된 것을 일컬음), AT&T는 유닉스를 본격적으로 시장에서 팔았다. 이로써 유닉스의 표준 버전을 정의하는 길고도 험난한 과정이 시작되었다.

역사적으로 유닉스는 개인 컴퓨터 시장에서는 인기가 적었다. 그러나 유닉스의 이식성, 유연성, 강력함으로 인해 워크스테이션 시장에서는 선도적인 운영체제가 되었다.

Words

- popular 인기 있는, 유명한
- multiuser 다중 사용자, 멀티유저
- multitasking 다중 작업, 멀티태스킹
- flexible 유연한, 적응성이 있는
- exclusively 오로지, 독점적으로
- high-level programming language 고급 프로그래밍 언어
- distribute 배포하다, 분배하다
- obtain 획득하다, 얻다
- modify 수정하다
- customize 커스터마이즈하다, 주문을 받아 만들다
- purpose 목적
- dozens of 수십의, 수많은
- various 다양한
- breakup 분산, 분리
- market 시장에서 팔다
- in earnest 본격적으로
- portability 이식성
- flexibility 유연성
- leading 선도하는
- workstation 워크스테이션

Tip

다중 작업

보통 멀티태스킹(Multitasking)이라고 하며 운영체제가 운영하는 여러 프로그램을 동시에 실행할 수 있는 기능을 말합니다.

02 Linux 리눅스

Linux is pronounced lih-nucks and it is a freely-distributable open source operating system that runs on a number of hardware platforms. The Linux kernel was developed mainly by Linus Torvalds. Because it's free, and because it runs on many platforms, including PCs and Macintoshes, Linux has become an extremely popular alternative to proprietary operating systems.

Linux는 리눅스로 발음하며, 여러 하드웨어 플랫폼에서 작동하고 자유롭게 배포할 수 있는 오픈소스 운영체제이다. 리눅스 커널은 거의 리누스 토발즈에 의해 개발되었다. 리눅스는 무료이며, PC는 물론 매킨토시를 포함한 대부분의 플랫폼에서 작동하기 때문에 독점 운영체제의 대안으로 매우 유명해졌다.

Words

- freely-distributable 자유롭게 배포할 수 있는
- open source operating system 오픈소스 운영체제
- extremely 극도로, 몹시, 매우
- alternative to ~의 대안
- proprietary 소유자의; 독점의

03 Window 윈도우

Windows is a family of operating systems for personal computers. Windows dominates the personal computer world, running on 90% of all personal computers. The remaining 10% is mostly Macintosh computers. Like the Macintosh operating environment, Windows provides a graphical user interface (GUI), virtual memory management, multitasking, and support for many peripheral devices.

윈도우는 개인용 컴퓨터를 위한 운영체제 종류 중 하나이다. 윈도우는 전 세계적으로 가동 중인 개인용 컴퓨터의 90%를 차지할 만큼 우위를 점하고 있다. 나머지 10%는 대부분 매킨토시 컴퓨터들이다. 윈도우는 매킨토시 운영 환경과 마찬가지로 그래픽 사용자 인터페이스(GUI), 가상 메모리 관리, 멀티태스킹을 제공하고 많은 주변 장치를 지원한다.

Words

- family 종류, 부류
- dominate 우위를 점하다
- run on 가동하다
- remaining 나머지
- mostly 대부분, 주로
- provide 제공하다
- environment 환경
- virtual memory management 가상 메모리 관리
- peripheral devices 주변 장치

Section 03

Mobile Operating System 모바일 OS

01 Android 안드로이드

Android OS is a Linux-based platform for mobile phones. Android was released under the Apache v2 open source license. Ensure you choose the best server OS for your organization by reviewing a breakdown of Linux vs. Windows vs. other alternatives.

Android began its life as a Palo Alto based startup company, founded in 2003. That company was subsequently acquired by Google in 2005. The Android platform includes an operating system based upon Linux, a GUI, a Web browser and end user applications that can be downloaded. Although the initial demonstrations of Android featured a generic QWERTY smart phone and large VGA screen, the operating system was written to run on relatively inexpensive handsets with conventional numeric keypads.

Android runs on both of the most widely deployed cellular standards, GSM/HSDPA and CDMA/EV-DO. Android will also support:

- Bluetooth
- 3G communication protocols, like EV-DO and HSDPA
- MMS
- touchscreens
- compasses
- accelerated 3D graphics
- EDGE
- WiFi
- SMS messaging
- video/still digital cameras
- GPS
- accelerometers

안드로이드 운영체제는 모바일 폰을 위한 리눅스 기반의 플랫폼이다. 안드로이드는 아파치 v2 오픈소스 라이선스에 의거하여 공개되었다. 리눅스, 윈도우, 다른 대안들을 비교 분석해서 검토하여 조직에 가장 적합한 운영체제 선택을 보장해야 한다.

안드로이드는 2003년에 팔로앨토에 설립된 회사에서 시작되었다. 그 회사는 2005년 구글에 인수되었다. 리눅스 기반의 운영체제를 포함하는 안드로이드 플랫폼은 GUI, 웹브라우저, 그리고 다운로드할 수 있는 최종 사용자용 응용 프로그램을 포함한다. 안드로이드의 초기 데모는 QWERTY 스마트폰과 큰 VGA 화면이 특징을 이루었지만, 운영체제는 비교적 저렴한 전통적인 숫자 키패드의 핸드셋으로 동작하도록 작성되었다.

안드로이드는 가장 널리 사용되고 있는 GSM/HSDPA와 CDMA/EV-DO 모두에서 작동한다. 그리고 다음과 같은 사항도 지원한다.

- 블루투스
- EV-DO와 HSDPA와 같은 3G 통신 프로토콜
- MMS
- 터치스크린
- 나침판
- 가속 3D 그래픽스
- EDGE
- 와이파이
- SMS 문자
- 비디오/정지 영상 디지털 카메라
- GPS
- 가속도계

Words

- **operating system** 운영체제
- **release** 공개하다, 발표하다, 발매하다
- **under** ~에 의거하여, 따라서
- **open source** 오픈소스
- **ensure** ~을 책임지다, 보장하다
- **review** 검사하다, 검토하다
- **breakdown** 분석, 분류
- **alternative** 대안
- **subsequently** 그 후, 뒤에
- **acquire** 인수하다, 취득하다
- **GUI** 그래픽 사용자 인터페이스
- **end user** 최종 사용자
- **application** 응용 프로그램
- **demonstration** 데모
- **although** 비록 ~이지만
- **feature** 특징을 이루다, 특징으로 삼다
- **QWERTY** QWERTY라는 키보드의 키 배열 종류
- **relatively** 비교적
- **inexpensive** 저렴한, 값싼

02 iOS

iOS is Apple's mobile operating system used to run the popular iPhone, iPad and iPod Touch devices. Formerly known as the iPhone OS, there are over 900,000 iOS applications available for download in the Apple app store, the most popular app store of any mobile device. The iOS utilizes a multi-touch interface where simple gestures are used to operate the device, like swiping your finger across the screen to move to the next page or pinching your fingers to zoom out.

Since its release, iOS has gone through multiple updates, with updates adding the ability to create folders for app icons and the ability to multitask. The updates are generally free for iPhone and iPad users, while iPod Touch users are sometimes required to pay a nominal fee. Updates to the iPhone, iPad and iPod Touch can be done wirelessly through the settings or through the iTunes software package, which is a free download for Mac OS and Windows.

iOS features include:

- Integrated search support enables simultaneous search through files, media, applications and email.
- Gesture recognition supports, for example, shaking the device to undo the most recent action.
- Google Maps direction services.
- Push email.
- Safari mobile browser.
- Integrated camera and video.
- Integrated media player.
- Direct access to the Apple Store's catalogue of applications, music, podcasts, television shows and movies.
- Compatibility with Apple's cloud service, iCloud.

iOS는 인기 있는 아이폰, 아이패드, 아이팟 같은 터치식 기기에서 동작하는 애플의 모바일 운영체제이다. 원래 아이폰 운영체제로 알려졌는데, 가장 인기 있는 모바일 기기의 앱스토어인 애플 앱스토어에는 다운로드할 수 있는 iOS 응용 프로그램이 90만 개 이상이 있다. iOS는 다음 페이지로 넘기기 위해 손가락을 화면에 가로질러 휘두르거나, 영상을 축소하기 위해 손가락을 집는 등 단순한 손짓으로 기기를 작동시키는 멀티터치 인터페이스를 활용한다.

iOS는 발표 이후에 앱 아이콘을 위한 폴더를 만들고 멀티태스크를 가능하게 하는 기능 추가의 업데이트를 비롯해 다수의 업데이트를 거쳤다. 아이팟 터치 사용자들은 이 업데이트에 소액의 수수료를 지불해야 했지만 아이폰과 아이패드 사용자에게는 일반적으로 무료였다. 아이폰, 아이패드, 아이팟 터치에 대한 업데이트는 무선 설정을 통해서나 맥 운영체제와 윈도우용에서 아이튠즈 소프트웨어 패키지를 무료로 다운로드하여 수행할 수 있다.

iOS의 특징은 다음과 같다.

- 통합 검색 지원으로 파일, 미디어, 응용 프로그램, 이메일을 동시에 검색할 수 있다.
- 동작 인식은 예컨대 최근에 실행한 내용을 취소하기 위해 기기를 흔드는 것과 같은 기능을 제공한다.
- 구글 지도 서비스
- 이메일 알림
- 사파리 모바일 브라우저
- 통합 카메라와 비디오
- 통합 미디어 플레이어
- 응용 프로그램, 음악, 팟캐스트, 텔레비전 프로그램, 영화 등 애플 스토어의 목록에 직접 접속한다.
- 애플 클라우드 서비스인 아이클라우드와 호환된다.

Words

- popular 인기 있는, 유행의
- formerly 원래, 이전에는
- utilize 활용하다
- gesture 손짓, 동작
- operate 작동하다, 움직이다
- swipe 휘두르다, 후려치다
- pinch (두 손가락으로) 집다
- zoom out (영상을) 급히 축소하다
- go through 거치다
- create 만들다
- require 요구하다, 규정하다
- a normal fee 소액의 수수료
- free download 무료 다운로드
- feature 특징
- integrated 통합적인
- simultaneous 동시의
- gesture recognition 동작 인식
- undo 취소하다, 원상태로 돌리다
- compatibility 호환성

Section 04

Steve Jobs 스티브 잡스

Steve Jobs was an American entrepreneur, marketer, and inventor, who was the cofounder and chairman of Apple Inc. Through Apple, he is widely recognized as a charismatic and design-driven pioneer of the personal computer revolution and for his influential career in the computer and consumer electronics fields. Jobs served as chief executive of Pixar Animation Studios. He played a role in introducing the LaserWriter, the first laser printer to feature vector graphics that started desktop publishing to the market.

스티브 잡스는 미국 애플 회사의 공동 창립자이자 회장으로 기업인이자 경영인이었다. 그는 애플 회사를 통하여 카리스마 있고, 디자인 주도의 개인용 컴퓨터 혁명을 선구하는 사람으로 널리 알려지게 되었다. 잡스는 픽사 애니메이션 스튜디오의 최고 책임자 역할도 하였다. 그는 데스크톱 출판을 시작하게 한 벡터 그래픽을 장착한 최초의 레이저 프린터인 레이저라이터를 시장에 소개하는 역할을 하였다.

Words

- entrepreneur 기업인
- marketer 경영인
- cofounder 공동 창립자
- recognize 알아보다
- charismatic 카리스마의
- revolution 혁명
- influential 영향을 미치는
- consumer 소비자, 수요자
- serve as ~의 역할을 하다
- chief executive (회사나 조직의) 최고 책임자
- role 역할
- introduce 소개하다
- publishing 출판

Section 05

Self Check

An operating system is the program that, after being initially loaded into the computer by a boot program, manages all the other programs in a computer. The other programs are called applications or application programs. The application programs make use of the operating system by making requests for services through a defined application programming interface(API). In addition, users can interact directly with the operating system through a user interface such as a command language or a graphical user interface(GUI).

Words

- initially 처음에
- loaded 로드된, 실행된
- manage 다루다
- request 구하다, 청하다
- interact 상호 작용하다
- directly 직접적으로

An operating system performs these services for applications:

- In a multitasking operating system where multiple programs can be running at the same time, the operating system determines which applications should run in what order and how much time should be allowed for each application before giving another application a turn.
- It manages the sharing of internal memory among multiple applications.
- It handles input and output to and from attached hardware devices, such as hard disks, printers, and dial-up ports.

Words

- perform 수행하다
- handle 다루다
- attached 첨부한
- determine 결정하다
- internal 내부의
- multiple 다수의, 다양한

Section 06

Practical English

01

"Why am I going to school if my phone already knows everything?"

"내 폰이 이미 모든 것을 알고 있는데 내가 왜 학교에 가야 하나요?"

Words
- already 이미
- everything 모든 것, 무엇이나 다

문장 해설

여러분도 눈치챘듯이 이 문장은 의문문이며 기본 구조는 다음과 같습니다. Why A if B로 'B인데 왜 A입니까?'라고 해석할 수 있습니다. 꼬마가 어른에게 따지는 내용의 문장인데 B부터 내용을 봅시다. if my phone already knows everything은 '내 폰이 이미 모든 것을 다 알고 있다면'으로 해석합니다. A는 am I going to school인데 의문 형태이므로 평서문으로 바꾸면 I am going to school로 '나는 학교에 간다'입니다. 이것을 의문문으로 고치고 B와 합치면 '내 폰이 이미 모든 것을 알고 있는데 내가 뭐 하러 학교에 가야 합니까?'로 풀이할 수 있습니다.

02

www.glasbergen.com

"I went to Ask Jeeves to find out where babies come from."

가서 당신의 어머니에게 물어보시오

"나는 아기들이 어디로부터 나오는지 알아내려고 Ask Jeeves에 들어갔어."

Words

- **went** go(가다)의 과거형
- **come from** ~로부터 오다
- **babies** baby(아기)의 복수형

문장 해설

이 문장의 주어는 I입니다. 서술어는 무엇일까요? 서술어는 문장에 나오는 동사 중의 하나입니다. 동사에는 went, ask, find, come 등이 있습니다. 서술어는 보통 주어 다음에 있는 것일 확률이 높습니다. 따라서 이 문장의 핵심 동사는 went입니다. 즉 이 문장에서 가장 중요한 부분은 '나는 갔다(I went)'가 됩니다. 무엇을 하러 갔을까요? '알아내려고(to find out)' 갔습니다. 무엇을 알아내려고 갔을까요? '아기들이 어디서 나오는지(where babies come from)'를 알아내려고 간 것입니다.

여기에서 눈여겨볼 곳이 있습니다. I went to Ask Jeeves를 '나는 Jeeves에게 물으러 갔다'고 해석하면 안 됩니다. 왜냐하면 Ask가 대문자로 쓰였기 때문입니다. Ask Jeeves는 인터넷 검색 사이트(http://www.ask.com)를 나타내는 고유명사입니다.

응용 문장

주어진 문장을 활용하여 새로운 문장을 작문해 보면 영어 실력 향상에 큰 도움이 됩니다. 그러면 본문의 문장을 활용하여 같은 형태의 대화문을 작성해 봅시다.

A: I want to copy your assignment to get an idea for my assignment.
나는 내 과제에 쓸 아이디어를 얻기 위해서 네 과제를 복사하고 싶어.

B: No way!
절대 안 돼!

Tip

검색 엔진

검색 엔진(Search Engine)이란 인터넷상에서 자료를 쉽게 찾을 수 있게 도와주는 소프트웨어 또는 웹사이트입니다. 사용자의 검색어 선정과 검색 조건의 적절한 지정에 따라 검색 소요 시간이 달라집니다.

검색 방법으로는 사용자가 키워드, 즉 검색어를 직접 입력하는 검색과 검색 엔진이 제시한 몇 가지 항목들 중 사용자가 원하는 항목을 선택하는 방식으로 범위를 좁혀 가는 카테고리 검색이 있습니다.

대표적인 검색 엔진을 살펴보면 한글 검색 엔진으로는 네이버, 다음, 구글, 네이트, 야후 코리아 등이 있으며 영문 검색 엔진으로는 구글, 야후, 빙(MS) 등이 있습니다.

03

"Tech support says the problem is located somewhere between the keyboard and my chair."

"기술지원부에서는 그 문제점이 키보드와 내 의자 사이 어딘가에 위치한다고 하는군."

Words

- tech support 기술지원부
- keyboard 키보드
- chair 의자
- be located 위치하다

문장 해설

먼저 이 문장의 주어와 서술어가 무엇인지 찾아봅시다. 기본적인 문장 형태는 다음과 같습니다. Tech support says A, 즉 '기술지원부가 A라고 말한다'입니다. 따라서 이 문장의 주어는 Tech support이고 서술어는 says입니다.

여기에서는 A도 문장으로 구성되어 있군요. A에서 주어와 서술어를 찾아보면 the problem이 주어이고 is located가 서술어임을 알 수 있습니다. A의 문장을 해석하면 '그 문제는 키보드와 내 의자 사이에 위치한다'라고 할 수 있습니다.

즉 컴퓨터에 문제가 있어 아저씨가 기술지원부에 연락을 해보니 문제는 컴퓨터가 아니라 아저씨라는 이야기입니다.

**"We've devised a new security encryption code.
Each digit is printed upside down."**

"저희가 새로운 보안 암호화 코드를 고안했습니다. 각 (2진) 숫자를 거꾸로 인쇄해 놓았죠."

Words

- devise 고안하다
- security 보안
- encryption 암호화
- digit 2진수
- upside down 거꾸로, 뒤집어

문장 해설

첫 번째 문장에서 We've는 We have의 준말입니다. 즉 주어는 We이고 서술어는 have devised입니다. 과거에 시작한 작업이 현재에 끝난 것을 의미하는 현재완료 시제입니다. 그 뒷부분은 우리말과 같이 순서대로 해석하면 됩니다. 두 번째 문장에서 Each digit(각각의 숫자)는 주어, is printed(인쇄되었다)는 서술어이므로 '각각의 숫자가 인쇄되었다'로 해석합니다.

어느 회사의 개발 부서 직원이 사장님에게 새로 고안해 낸 암호화 코드 방식을 설명합니다. '각각의 숫자를 거꾸로 인쇄하여 보안을 강화하였습니다'라고 말하자, 사장님도 놀란 표정으로 도표를 바라보고 있습니다. 줄 전체의 숫자를 뒤집는 것도 아니고 0과 1의 숫자를 각각 거꾸로 하면 어떻게 될지 상상이 되죠?

05

www.glasbergen.com

"My dad is a natural at multitasking.
He can goof up, screw up, mess up all at the same time."

"우리 아빠는 멀티태스킹에 타고난 사람이야.
그는 망쳐버리고, 실수하고, 엉망으로 만들기를 동시에 할 수 있지."

Words

- natural (형용사) 타고난; (명사) 재능을 타고난 사람
- multitasking 다중 작업, 멀티태스킹
- goof up 망치다
- screw up 실수하다
- mess up 엉망으로 만들다
- at the same time 동시에

문장 해설

첫 번째 문장에서 주어는 My dad(우리 아빠)이고 서술어는 is(이다)이므로 '우리 아빠는 ~ 이다'입니다. 그렇다면 아빠는 무엇일까요? a natural at multitasking, 즉 멀티태스킹에 타고난 사람입니다.

두 번째 문장에서 주어는 He, 서술어는 can이므로 '그는 ~을 할 수 있다'가 골격입니다. 무엇을 할 수 있는지는 뒷부분을 차례대로 해석하면 됩니다.

여기에서 그는 아이의 아빠를 말하겠죠? 영어는 존칭에 관계된 용어가 많지 않기 때문에 할아버지든 할머니든 간에 남자는 그, 여자는 그녀로 표현합니다.

06

www.glasbergen.com

"We're not getting anywhere, Mr. Johnson.
May I have a word with your computer in private?"

기술지원부 상담 전화
"존슨 씨 우리의 대화가 결론이 나지 않겠네요.
제가 당신의 컴퓨터와 개별적으로 얘기해도 될까요?"

Words

- get anywhere 무엇인가 성과를 거두다, 잘되다
- have a word with ~와 이야기하다
- in private 개별적으로

문장 해설

첫 번째 문장에서 We're는 어떤 단어들을 줄인 말일까요? 바로 We are의 약어입니다. '우리는 아무 곳에도 도달하지 못하고 있어요'라고 현재진행형으로 표현한 문장이군요. 실제로 길을 잃었을 때 사용할 수도 있지만, 여기에서는 상담원의 말이기 때문에 대화에 문제가 있다는 의미로 '결론이 나지 않는다'는 의미가 내포되어 있습니다.

May I have a word with you?는 '내가 너와 얘기 좀 해도 되겠니?'라는 예의 바른 표현입니다. 그럼 예의가 없는 표현은 무엇이냐고 물어보신다면 Talk to me!나 Say it!으로 '말해!' 정도가 되겠지요.

07

www.glasbergen.com

**"This phone won't disturb anyone at the movies.
It has a ringer that sounds like people eating popcorn!"**

"이 전화기는 영화관에서 아무도 방해하지 않을 것입니다.
이것은 사람들이 팝콘을 먹는 소리와 같은 벨소리 장치를 갖고 있기 때문이죠."

Words

- disturb 방해하다
- anyone 아무도
- at the movie 영화관에서
- ringer 종을 울리는 장치, (한국에서) 벨소리 장치

문장 해설

첫 번째 문장을 해석하기에 앞서 won't가 무엇인지 봅시다. 바로 will not의 줄임말입니다. 자, 그러면 슬슬 해석해 볼까요? 주어는 This phone, 서술어는 won't disturb입니다. 여기까지 풀이하면 '이 전화기는 방해하지 않을 것이다'가 됩니다. 문장의 뒷부분은 주어를 먼저 해석하고 뒤부터 서술어까지 앞으로 해석해 오면 됩니다.

두 번째 문장에서는 주어가 It이고 서술어는 has입니다. 목적어는 a ringer이므로 문장의 기본 골격은 '그것은 벨소리 장치를 가지고 있다'입니다. 그러면 that 이하는 무엇일까요? 무엇인가를 수식하는 절입니다. 영어에서는 수식하는 절이 많이 쓰이는데, 거의 대부분 바로 앞의 단어를 수식하는 경우가 많습니다. 이 문장에서는 that 바로 앞에 무엇이 있습니까? a ringer입니다. 즉 that 이하의 문장을 해석해서 a ringer에다 갖다 붙이면 됩니다. that절만 해석하면 '팝콘을 먹는 것 같이 들린다'이므로 결국 '사람들이 팝콘을 먹는 소리 같은 벨소리'가 됩니다.

응용 문장

It sounds like는 매우 자주 사용하는 표현 중 하나입니다. 이와 유사한 표현으로 smells like, looks like 등도 자주 쓰이므로 사용법을 익히는 것이 좋습니다. 예를 들어 보겠습니다.

> **It smells like fish!**
> 생선과 같은 냄새가 난다(생선 냄새가 나네!).

이 문장은 진짜 생선 냄새가 나는 것으로 해석할 수도 있지만 미국식 은어로 '수상하구만!'이란 뜻으로도 쓸 수 있습니다. 즉 '뭔가 냄새가 나는 걸?' 정도로 생각하면 됩니다.
예를 하나 더 들어 보겠습니다.

> **It looks like they are having fun.**
> 그들은 좋은 시간을 보내고 있는 것처럼 보인다(그들은 좋은 시간을 보내고 있구나!).

08

"Ever since they invented cloud computing, I keep getting data stuck between my toes!"

"사람들이 클라우드 컴퓨팅을 발명하고 난 이후부터는
계속해서 내 발가락 사이로 데이터가 달라붙네!"

Words

- cloud computing 인터넷 기반의 컴퓨터 기술
- stuck stick(달라붙다)의 과거형
- between ~의 사이에
- toe 발가락

문장 해설

문장의 후반부에 보면 getting ~ stuck이라는 표현이 있습니다. 이것은 get A stuck B 형태로 볼 수 있는데 'A가 B에 달라붙다'라고 해석하면 됩니다. 여기에 '계속해서'라는 의미의 keep이라는 단어까지 붙이면 '계속해서 A가 B에 달라붙다'가 됩니다.

응용 문장

미국인들은 get이라는 단어를 너무 많이 사용하여 남용하는 수준 같습니다. 위의 문장만 봐도 '붙다'라는 뜻으로 attach, adhere, stick 등 고유의 의미를 가진 단어가 매우 많은데도 불구하고 굳이 get ~ stuck이라는 표현을 사용하고 있습니다.
이것뿐만이 아닙니다. 다음 예제들을 살펴봅시다.

I will get there at 6:30.
나는 거기에 6:30에 도착할 것이다.

위의 예제에서는 get이 arrive의 의미로 사용되었습니다.

Anna: Wake up, Olaf!
올라프, 일어나라!

Olaf : I get it!
알겠어.

위의 예제에서는 get이 understand의 의미로 사용되었습니다.

He will get the prize.
그가 상을 탈 것이다.

위의 예제에서는 get이 receive의 의미로 사용되었습니다.

You can get it at a modest price.
너는 그것을 싸게 살 수 있다.

위의 예제에서는 get이 buy의 의미로 사용되었습니다.

I should get the airplane in time.
나는 그 비행기를 제시간에 꼭 타야 한다.

위의 예제에서는 get이 catch의 의미로 사용되었습니다.

이외에도 많지만 지면상 여기까지만 예제를 제시합니다. 외국인과 대화 중에 딱히 서술어가 생각나지 않으면 get을 써 봅시다. 대충 맞을지도 모릅니다. 물론 열심히 공부해서 정확한 단어를 구사하기를 강력히 추천하는 바입니다.

응용 프로그램

A whole lot of apps

풍성한 응용 프로그램

From insane action like Halo: Spartan Assault to social necessities like Facebook, the Windows Store has the apps you need and more.

'헤일로: 스파르탄 어썰트'와 같은 광기의 액션에서부터 페이스북과 같은 사회적 필요에 이르기까지, 윈도우 스토어는 당신이 원하는 것보다도 더 많은 응용 프로그램을 가지고 있다.

위의 문장에서 주어를 찾아봅시다. 우선 문장의 구성을 파악해 보면 From A to B, C has D의 형태임을 알 수 있습니다. 즉 '명사구, 평서문'의 형태로 볼 수 있으므로 당연히 주어와 서술어는 콤마 뒷부분에 위치합니다. 따라서 the Windows Store가 주어이며 has가 서술어가 됩니다.

연습문제

※ [ ] 안의 단어를 활용하여 아래의 문장을 완성하시오.

1 운영체제는 컴퓨터에서 발생하는 모든 작업들을 제어한다. [take / control / place]

An Operating System (　　　　　) all the operations that (　　　　　) (　　　　　) in a computer.

2 유닉스는 C라고 하는 고급 프로그래밍 언어로 쓰인 최초의 운영체제 중 하나이다.
[write / programming / one]

UNIX was (　　　　　) of the first operating systems to be (　　　　　) in a high-level (　　　　　) language, namely C.

3 수많은 유닉스 버전이 다양한 사이트에서 가동되었다. [site / run / at]

Dozens of different versions of UNIX were (　　　　　) (　　　　　) various (　　　　　).

4 유닉스는 개인 컴퓨터 시장에서는 인기가 적었다. [in / less / be]

UNIX has (　　　　　) (　　　　　) popular (　　　　　) the personal computer market.

※ 아래의 글을 참조하여 질문에 한글로 답하시오.

5 What are the two components of the computer resources?

(　　　　　　　　　　　　　　　　　　　　　　　　　　　　　)

The OS manages all the resources of a computer such as various software and hardware devices.

6 What are the factors to make programs easier to learn and use?

(   )

There are drop-down menus, scroll bars, icons, and dialog boxes that make programs easier to learn and use.

7 What is the special function of the network operating system?

(   )

A Network Operating System is an operating system that includes special functions for connecting computers and devices into a local-area network.

※ 다음 글을 읽고 질문에 답하시오.

However, due to its portability, flexibility, and power, UNIX has become a leading operating system for workstations.

8 위의 문장에서 골격이 되는 주어와 서술어를 각각 찾아 적으시오.

____

9 유닉스가 워크스테이션에서 선두적인 위치를 차지하게 된 특징 세 가지를 한글로 적으시오.

____

※ 다음 글을 읽고 질문에 답하시오.

Linux has become an extremely popular alternative to proprietary operating systems.

10 위의 문장을 해석하고 그 의미와 배경을 설명하시오.

해답

1. controls, take, place
2. one, written, programming
3. running, at, sites
4. been, less, in
5. 다양한 소프트웨어와 하드웨어 장치들
6. 드롭다운 메뉴, 스크롤 막대, 아이콘, 대화 상자
7. 근거리 통신망에 컴퓨터와 장치들을 연결
8. 주어: UNIX, 서술어: has become
9. 이식성, 유연성, 강력함
10. 해석: 리눅스는 독점 운영체제의 대안으로 매우 유명해졌다.
    의미와 배경: 유닉스나 윈도우와 같이 독점권을 행사하는 운영체제를 대체할 수 있는 운영체제로 각광을 받고 있다는 의미이다.

기출문제

01 In computing, this is the process of rearranging an initially unordered sequence of records until they ordered. What is this?

① Searching ② Loading
③ Sorting ④ Compiling

02 Which one of the following is not a kind of database language?

① Data Definition Language ② Data Manipulation Language
③ Data Directory Language ④ Data Control Language

03 다음 설명이 의미하는 A와 B의 관계는?

> An entity in an entity set A is associated with any number of entities in an entity set B, and an entity in B is associated with any number of entities in A.

① one to one ② one to many
③ many to one ④ many to many

04 다음 문장의 괄호 안 내용 ① ~ ⑤에 가장 적합한 항목을 넣으시오.

CPU scheduling is the task of selecting a waiting process from the ready queue and allocating the CPU to it. The CPU is allocated to the selected process by the dispatcher.

(①) scheduling is the simplest scheduling algorithm. With this scheme, the process that requests the CPU first is allocated the CPU first. (①), is a service policy where by the requests of customers or clients are attended to in the order that they arrived, without other biases or preferences. The policy can be employed when processing sales orders, in determining restaurant seating, or on a taxi stand, for example.

(②) scheduling is a policy that selects the waiting process with the smallest execution time to execute next. (②) is advantageous because of its simplicity and because it maximizes process throughput. However, it has the potential for process starvation for processes which will require a long time to complete if short processes are continually added.

(③) scheduling algorithm is designed especially for time-sharing systems, but preemption is added to switch between processes. (③) is one of the simplest scheduling algorithms for processes in an operating system, which assigns (④) is to each process in equal portions and in order, handing all processes without priority.

(⑤) scheduling algorithm partitions the ready queue into several separate queues. The processes are permanently assigned to one queue, generally based on some property of the process, such as memory size, process priority, or process type. Each queue has its own scheduling algorithm. (⑤) is a queue with a predefined number of levels.

01 ③

문제해석: 컴퓨팅에 있어서 초기에 정렬되어 있지 않은 순서의 레코드를 정렬될 때까지 재배열하는 과정을 무엇이라고 하는가?

02 ③

문제해석: 다음 중 데이터베이스 언어가 아닌 것은?

① Data Definition Language(DDL): 데이터 정의 언어

② Data Manipulation Language(DML): 데이터 조작 언어

④ Data Control Language(DCL): 데이터 제어 언어

03 ④

문제해석: 개체 집합 A에 있는 하나의 개체는 개체 집합 B에 있는 여러 개의 개체들과 연관되어 있으며, B에 있는 하나의 개체는 A에 있는 여러 개의 개체들과 연관되어 있다.

04 ① First-Come First-Served(FCFS) ② Shortest Job-First(SJF) ③ Round-Robin(RR)
④ Time Slice ⑤ Multilevel Queue

CPU 스케줄링은 준비 큐(Ready Queue)에서 대기 중인 프로세스를 선택하고 CPU로 할당하는 작업이다. CPU는 디스패처(Dispatcher)에 의해 선택된 프로세스에 할당된다.

(선입 선처리) 스케줄링은 가장 간단한 스케줄링 알고리즘으로 CPU를 제일 처음 요청한 프로세스로 우선 CPU가 할당된다. (선입 선처리)는 기타 편파적인 특혜 없이 고객 또는 클라이언트의 요청이 도착하는 순서에 따라 수행되는 서비스 정책이다. 예를 들어 판매 주문을 처리하거나 레스토랑의 좌석 배치를 결정할 때, 또는 택시 승차장 등에서 사용될 수 있다.

(최단 작업 우선) 스케줄링은 다음 실행을 위해 가장 짧은 실행 시간을 가진 대기 프로세스를 선택하는 정책이다. (최단 작업 우선)은 단순함과 프로세스 처리량 극대화 등의 혜택이 있지만 짧은 프로세스가 끊임없이 추가될 경우, 완료하는 데 긴 시간이 요구되는 프로세스가 단절될 수 있는 가능성이 있다.

(라운드 로빈) 스케줄링 알고리즘은 시분할(Time-Sharing) 시스템을 위해 특별 설계되었는데, 프로세스 간 전환을 위해 선점(Preemption)이 추가되었다. (라운드 로빈)은 운영체제상의 프로세스를 위한 가장 단순한 스케줄링 알고리즘 중 하나로, 각 프로세스마다 (타임 슬라이스)를 순서대로 동등하게 나누어 할당하여 모든 프로세스를 우선순위 없이 취급한다.

(다단계 큐) 스케줄링 알고리즘은 대기 큐를 여러 개의 개별 큐로 분할한다. 프로세스는 보편적으로 메모리 크기, 프로세스 우선순위, 프로세스 유형과 같은 일부 프로세스 속성에 기초하여 하나의 큐에 영구적으로 할당된다. 각 큐마다 고유의 스케줄링 알고리즘을 갖는다. (다단계 큐)는 미리 정의된 여러 레벨을 가지고 있는 큐이다.

Chapter

03

Programming Language

Section **01** Introduction to Programming Language
Section **02** Type of Programming Language
Section **03** Object-Oriented Programming
Section **04** Self Check
Section **05** Practical English

Intro

— Computer systems should have programs to provide various services for users. The programs usually are made by programmers. The programmers should have programming languages to make programs. There are various programming languages available and programmers should choose a suitable language for their usage. Then, let's learn programming languages.

— 컴퓨터 시스템에는 사용자에게 다양한 서비스를 제공할 수 있는 프로그램이 필요하다. 대개 프로그램은 프로그래머가 작성하는데, 프로그래머는 프로그램을 만들기 위해 프로그래밍 언어를 갖고 있어야 한다. 프로그래밍 언어의 종류는 다양하며, 프로그래머는 사용 목적에 적합한 언어를 선택해야 한다. 이제 프로그래밍 언어를 공부해 보자.

Section 01

Introduction to Programming Language 프로그래밍 언어 소개

01 Programming Language 프로그래밍 언어

A Programming Language is a vocabulary and set of grammatical rules for instructing a computer to perform specific tasks. The term programming language usually refers to high-level languages, such as C, C++, Java, Python and so on. Each language has a unique set of keywords and a special syntax for organizing program instructions.

High-level programming languages, while simple compared to human languages, are more complex than the languages the computer actually understands, called machine languages. Each different type of CPU has its own unique machine language.

프로그래밍 언어는 특정한 작업을 수행하기 위해 컴퓨터에게 명령하는 용어와 문법적인 규칙을 모아 놓은 것이다. 프로그래밍 언어라는 용어는 보통 C, C++, 자바, 파이썬 등과 같은 고급 언어를 일컫는다. 각 언어는 프로그램 명령어를 정리하는 고유한 키워드 집합과 특수한 문법을 가지고 있다.

인간 언어와 간단히 비교해 볼 때, 고급 프로그래밍 언어는 컴퓨터가 실제로 이해하는 기계어보다도 훨씬 복잡하다. CPU는 종류에 따른 고유의 기계 언어가 존재한다.

Words

- vocabulary 용어, 어휘
- set 집합
- grammatical rule 문법적인 규칙
- instruct 명령하다
- specific task 특정한 작업
- term 용어
- usually 보통, 대개
- refer to ~를 언급하다, 말하다
- special 특별한, 특수한
- syntax 문법
- organize 정리하다, 정돈하다
- instruction 명령어
- compared to ~와 비교하여
- complex 복잡한
- actually 실제로
- machine language 기계어
- unique 고유의, 유일무이한

02 Assembly Language and Fourth-Generation Language 어셈블리 언어와 4세대 언어

Lying between machine languages and high-level languages are languages called assembly languages. Assembly languages are similar to machine languages, but they are much easier to program in because they allow a programmer to substitute names for numbers. Machine languages consist of numbers only.

Lying above high-level languages are languages called fourth-generation languages (usually abbreviated 4GL). 4GLs are far removed from machine languages and represent the class of computer languages closest to human languages.

기계어와 고급 언어 사이에 놓여 있는 언어를 어셈블리 언어라고 한다. 어셈블리 언어는 기계어와 비슷하지만, 프로그래머가 숫자를 이름으로 대체할 수 있도록 허용하기 때문에 훨씬 프로그래밍하기가 쉽다. (이에 비해) 기계 언어는 숫자로만 구성되어 있다.

고급 언어 상단에 놓여 있는 것은 4세대 언어라고 불린다(일반적으로 4GL이라고 줄여서 부름). 4GL은 기계어와 훨씬 멀어진 언어이며, 인간의 언어에 가장 가까운 컴퓨터 언어로 표현된다.

Words

- **similar to** ~와 비슷한, 유사한
- **allow** 허용하다, 허락하다
- **substitute** 대체하다
- **abbreviate** 줄여쓰다, 축약하다
- **be removed from** ~와 멀어져 있다
- **represent** 표현하다, 묘사하다
- **closest** close(가까운)의 최상급

03 The Choice of Programming Language 프로그래밍 언어 선택

Regardless of what language you use, you eventually need to convert your program into machine language so that the computer can understand it. There are two ways to do this:

- compile the program
- interpret the program

The question of which language is the best is one that consumes a lot of time and energy among computer professionals. Every language has its strengths and weaknesses. For example, FORTRAN is a particularly good language for processing numerical data, but it does not lend itself very well to organizing large programs. Pascal is very good for writing well-structured and readable programs, but it is not as flexible as the C programming language. C++ embodies powerful object-oriented features, but it is complex and difficult to learn.

The choice of which language to use depends on the type of computer the program is to run on, what sort of program it is, and the expertise of the programmer.

어떤 언어를 사용하는지에 관계없이 컴퓨터가 이해할 수 있도록 하려면 결국 프로그램을 기계어로 변환해야 한다. 이것을 수행하는 방법은 두 가지가 있다.

- 프로그램 컴파일
- 프로그램 인터프리트(해석)

어느 언어가 최고인가 하는 문제는 컴퓨터 전문가 사이에서 많은 시간과 에너지를 소비케 한다. 모든 언어는 강점과 약점을 가지고 있다. 예를 들어 포트란은 수치 자료 처리에 특히 좋은 언어지만, 큰 프로그램을 만드는 데는 적합하지 않다. 파스칼은 구조화가 매우 잘 되어 있고 읽기 쉬운 프로그램이지만, C 언어에 비하면 유연하지 못하다. C++는 객체 지향 기능이 강력하게 구체화되어 있지만, 복잡하고 배우기 어렵다.

사용할 언어의 선택은 프로그램을 실행하는 컴퓨터의 종류, 프로그램의 종류, 프로그래머의 전문 지식에 따라 좌우된다.

Words

- **regardless of** ~에 관계없이
- **eventually** 결국
- **convert** 변환하다
- **way** 방법
- **consume** 소비하다, 소모하다
- **strength** 강점, 장점
- **weakness** 약점, 단점
- **particularly** 특히
- **lend itself to** ~에 적합하다, 쓸모 있다
- **readable** 읽기 쉬운
- **embody** 구체화하다, 구현하다
- **feature** 특징, 특색
- **depends on** ~에 좌우된다, ~에 달려 있다
- **sort** 종류
- **expertise** 전문 지식

Tip

고급 프로그래밍 언어

고급 프로그래밍 언어는 사람의 언어와 유사한데, 컴파일러나 인터프리터에 의해 기계어로 변환되고 실행됩니다. 고급 언어에는 C, C++, 자바, 파이썬 등의 프로그래밍 언어가 포함됩니다.

Section 02 Type of Programming Language 프로그래밍 언어 종류

01 C

C is a high-level programming language developed by Dennis Ritchie at Bell Labs in the mid 1970s. Although originally designed as a systems programming language, C has proved to be a powerful and flexible language that can be used for a variety of applications, from business programs to engineering. C is a particularly popular language for personal computer programmers because it is relatively small - it requires less memory than other languages.

The first major program written in C was the UNIX operating system. And for many years C was considered to be inextricably linked with UNIX. Now, however, C is an important language independent of UNIX.

Although it is a high-level language, C is much closer to assembly language than are most other high-level languages. This closeness to the underlying machine language allows C programmers to write very efficient code. The low-level nature of C, however, can make the language difficult to use for some types of applications.

C는 1970년대 중반에 벨 연구소의 데니스 리치가 개발한 고급 프로그래밍 언어이다. 원래 시스템 프로그래밍 언어로 설계되었지만 C는 업무용 프로그램에서 공학에 이르기까지 다양한 응용 프로그램에서 사용될 수 있는, 강력하면서도 유연한 언어임이 증명되었다. C는 비교적 작기 때문에(다른 언어보다 적은 메모리를 요구함) 개인용 컴퓨터 프로그래머에게는 특히 인기 있는 언어이다.

최초로 C로 쓰인 주요 프로그램은 유닉스 운영체제였다. 그리고 오랫동안 C는 유닉스와 뗄 수 없는 관계로 여겨져 왔다. 하지만 지금 C는 유닉스와는 독립적인 중요한 언어이다.

비록 C가 고급 언어라고 해도 다른 대부분의 고급 언어에 비하면 이는 어셈블리 언어에 매우 가깝다. 이처럼 근본적인 기계어와 유사성으로 인해 C 프로그래머는 매우 효과적인 코드를 작성할 수 있다. 하지만 C의 이러한 저급성(저급 언어의 특성)은 응용을 어렵게 할 때도 있다.

Words

- developed by ~에 의해 개발된
- in the mid 1970s 1970년대 중반에
- although 비록 ~이지만
- flexible 유연한
- a variety of 다양한, 여러 가지의
- particularly 특히, 특별히
- relatively 비교적
- major 주요한
- program written in C C로 쓰인 프로그램
- inextricably 뗄 수 없게
- linked with 관련된, 연결된
- independent 독립적인
- underlying 근본적인
- closeness 근접함, 유사성
- efficient code 효과적인 코드

02 C++

C++ is a high-level programming language developed by Bjarne Stroustrup at Bell Labs. C++ adds object-oriented features to its predecessor, C. C++ is one of the most popular programming language for graphical applications, such as those that run in Windows and Macintosh environments.

C++는 벨 연구소의 비야네 스트롭스트룹이 개발한 고급 프로그래밍 언어이다. C++는 앞서 만들어진 C 언어에 객체 지향 특징이 추가된 것이다. C++는 윈도우(운영체제)와 매킨토시 환경에서 실행되는 그래픽 응용 프로그램을 위한 것으로 가장 인기 있는 프로그래밍 언어 중 하나이다.

Words

- object-oriented 객체 지향
- feature 특징, 특성
- predecessor 전임자, 선임자
- environment 환경

03 Java 자바

Java is a high-level programming language developed by Sun Microsystems. Java was originally called OAK, and was designed for handheld devices and set-top boxes. Oak was unsuccessful so in 1995 Sun changed the name to Java and modified the language to take advantage of the burgeoning World Wide Web.

Java is an object-oriented language similar to C++, but simplified to eliminate language features that cause common programming errors. Java source code files (files with a .java extension) are compiled into a format called byte code (files with a .class extension), which can then be executed by a Java interpreter. Compiled Java code can run on most computers because Java interpreters and runtime environments, known as Java Virtual Machines (JVM), exist for most operating systems, including UNIX, the Macintosh OS, and Windows. Bytecode can also be converted directly into machine language instructions by a just-in-time compiler (JIT).

자바는 썬 마이크로시스템즈에서 개발한 고급 프로그래밍 언어이다. 초기에 자바는 오크(OAK)라고 불렸으며, 핸드헬드 장비와 셋톱박스를 위해 설계되었다. 오크가 성공하지 못하자, 썬은 1995년에 이를 자바로 이름을 바꾸고 성장하는 웹(월드 와이드 웹, WWW)의 장점을 살리는 언어로 수정했다.

자바는 C++와 비슷한 객체 지향 언어지만, 일반적으로 프로그래밍 오류를 유발시킬 수 있는 언어적 요인을 제거하여 단순화했다. 자바 소스 코드 파일(.java라는 확장자를 가진 파일)은 자바 인터프리터에서 실행되는 바이트 코드(.class라는 확장자를 가진 파일)라고 불리는 형식으로 컴파일된다. 컴파일된 자바 코드는 대부분의 컴퓨터에서 작동할 수 있는데, 자바 가상 머신(JVM)이라고 불리는 자바 인터프리터와 런타임 환경이 유닉스, 매킨토시 운영체제, 그리고 윈도우를 포함한 대부분의 운영체제를 위해 존재하기 때문이다. 바이트 코드 또한 just-in-time(JIT) 컴파일러에 의해서 곧장 기계어로 변환된다.

Words

- **handheld** 핸드헬드(손바닥 크기의, 손에 들고 쓰는)
- **unsuccessful** (successful의 반대어) 성공하지 못한
- **burgeon** 성장하다, 발전하다
- **simplify** 단순화하다
- **eliminate** 제거하다
- **cause** 원인이 되다, 일으키다
- **common** 일반적인
- **error** 오류, 에러
- **execute** 실행하다
- **exist** 존재하다
- **convert** 변환하다

04 C#

C# is pronounced "see-sharp." A hybrid of C and C++, it is a Microsoft programming language developed to compete with Sun's Java language. C# is an object-oriented programming language used with XML-based Web services on the .NET platform and designed for improving productivity in the development of Web applications. C# boasts type-safety, garbage collection, simplified type declarations, versioning and scalability support, and other features that make developing solutions faster and easier, especially for COM+ and Web services. Microsoft critics have pointed to the similarities between C# and Java.

C#은 시샵이라고 발음한다. C와 C++가 혼합된 형태로, 마이크로소프트가 썬의 자바 언어와 경쟁하기 위해 개발했다. C#은 .NET 플랫폼에서 XML 기반의 웹 서비스와 같이 사용하는 객체 지향형 프로그래밍 언어이며 웹 응용 프로그램을 개발하는 데 생산성을 향상시키기 위해 설계되었다. C#은 타입 안정성, 가비지 컬렉션, 단순화된 타입 선언, 버저닝과 확장성 지원 등을 자랑하며, 그 밖에도 특별히 COM+와 웹 서비스의 개발 솔루션을 빠르고 쉽게 만든다. 마이크로소프트의 비평가들은 C#과 자바의 유사점을 지적한 바 있다.

Words

- **hybrid** 혼합물
- **compete with** ~와 겨루다, 경쟁하다
- **productivity** 생산성, 생산력
- **development** 개발
- **boast** 자랑하다
- **simplified** 단순화된
- **declaration** 선언
- **critic** 비평가, 평론가
- **similarity** 유사점

Section 03

Object-Oriented Programming 객체 지향 프로그래밍

Object-oriented programming (OOP) is a programming language model organized around "objects" rather than "actions" and data rather than logic. Historically, a program has been viewed as a logical procedure that takes input data, processes it, and produces output data. The programming challenge was seen as how to write the logic, not how to define the data. Object-oriented programming takes the view that what we really care about are the objects we want to manipulate rather than the logic required to manipulate them. Examples of objects range from human beings (described by name, address, and so forth) to buildings and floors.

The first step in OOP is to identify all the objects you want to manipulate and how they relate to each other. Once you've identified an object, you generalize it as a class of objects and define the kind of data it contains and any logic sequences that can manipulate it. Each distinct logic sequence is known as a method. A real instance of a class is called an "object" or, in some environments, an "instance of a class." The object or class instance is what you run in the computer. Its methods provide computer instructions and the class object characteristics provide relevant data. You communicate with objects and they communicate with each other - with well-defined interfaces called messages.

The concepts and rules used in object-oriented programming provide these important benefits:

- The concept of a data class makes it possible to define subclasses of data objects that share some or all of the main class characteristics. Called inheritance, this property of OOP forces a more thorough data analysis, reduces development time, and ensures more accurate coding.

- Since a class defines only the data it needs to be concerned with, when an instance of that class is run, the code will not be able to accidentally access other program data. This characteristic of data hiding provides greater system security and avoids unintended data corruption.
- The definition of a class is reusable not only by the program for which it is initially created but also by other object-oriented programs (and, for this reason, can be more easily distributed for use in networks).
- The concept of data classes allows a programmer to create any new data type that is not already defined in the language itself.

Simula was the first object-oriented programming language. C++ and Java are the most popular object-oriented languages today. The Java programming language is designed especially for use in distributed applications on corporate networks and the Internet.

객체 지향형 프로그래밍(OOP)은 "기능"보다 "객체", 논리보다 데이터 위주로 구성되어 있는 프로그래밍 언어 모델이다. 역사적으로 프로그램은 데이터를 입력받고, 그것을 실행하며 출력을 생성하는 논리적인 절차로 간주되었다. 그리고 프로그래밍에서 가장 어려운 부분은 데이터를 어떻게 정의할 것인지가 아니라 논리 연산을 어떻게 풀어낼 것인지에 달려 있는 것으로 여겨졌다. 그러나 객체 지향형 프로그래밍에서는 어떤 객체를 다루기 위한 논리보다 우리가 다루고자 하는 객체에 더 신경을 써야 한다는 관점을 취한다. 객체의 예는 (이름, 주소 등으로 기술된) 인간에서부터 건물과 바닥까지의 범위에 이른다.

OOP에서 첫 단계는 여러분이 다루고자 하는 모든 객체를 파악하고 그들이 어떻게 서로 연관되어 있는지 확인하는 것이다. 어떤 객체를 확인했다면, 그것을 객체의 클래스로 일반화하며 그것이 가지고 있는 데이터 종류와 그것을 처리할 수 있는 논리 순서를 정의한다. 각각의 다른 논리 시퀀스는 메소드라고 한다. 클래스의 실제 인스턴스는 "객체", 또는 환경에 따라 "클래스의 인스턴스"라고 불린다. 컴퓨터에서 사용자가 실제로 실행시키는 것이 바로 객체, 클래스 인스턴스이다. 그것의 메소드는 컴퓨터 명령어를 제공하며 클래스 객체의 특성은 관련된 데이터를 제공한다. 당신은 메시지라고 불리는 잘 정의된 인터페이스로 객체와 통신할 수 있고 그들은 서로 다른 것들과 통신할 수 있다.

객체 지향형 프로그래밍에서 사용되는 개념과 규칙은 다음과 같은 중요한 장점을 제공한다.

- 데이터 클래스의 개념은 메인 클래스 특성의 일부 혹은 전체를 공유하는 데이터 객체의 서브클래스들

을 정의할 수 있다. 상속이라 불리는 OOP의 이러한 특성은 더욱 철저한 데이터 분석을 이끌어 내고 개발 시간을 줄이며, 더욱 명확한 코딩을 보장한다.

- 하나의 클래스는 관련 있는 데이터만 정의하기 때문에, 해당 클래스의 인스턴스가 실행될 때는 코드가 우연히라도 다른 프로그램 데이터에는 접근할 수 없다. 이러한 데이터 은닉이라는 특성은 더욱 안전한 시스템 보안을 제공하며, 의도치 않은 데이터 오류를 피할 수 있다.
- 클래스 정의는 원래 생성된 그 프로그램뿐만 아니라 다른 객체 지향형 프로그램에 의해서도 재사용될 수 있다(그리고 이러한 이유로 네트워크에서 쉽게 배포될 수 있다).
- 데이터 클래스의 개념 덕분에 언어 자체에는 원래 정의되지 않았던 데이터형을 프로그래머가 새로 만들 수 있다.

최초의 객체 지향 프로그래밍 언어는 시뮬라(Simula)였다. C++와 자바는 오늘날 가장 인기 있는 객체 지향형 언어이다. 자바 언어는 특히 사내 네트워크나 인터넷상의 분산 응용 프로그램에서 쓸 수 있도록 설계되었다.

Words

- organize 구성하다
- view 간주하다
- procedure 절차
- challenge 도전
- define 정의하다
- manipulate 조종하다, 능숙하게 다루다
- logic 논리
- example 예, 보기
- range from A to B 범위가 A에서 B에 이르다
- human being 인간
- step 단계
- identify 확인하다
- object 객체
- generalize 일반화하다
- distinct 별개의, 다른
- sequence 순서
- provide 제공하다
- characteristic 특성, 특징
- relevant 관련된, 적절한
- communicate with ~와 통신하다
- concept 개념
- benefit 장점, 이득
- share 공유하다
- inheritance 상속
- property 특성
- force 이끌어 내다, 억지로 시키다
- analysis 분석
- reduce 줄이다
- concerned with ~와 관련 있는
- accidentally 우연히, 뜻밖에
- hiding 은닉, 숨김
- security 보안
- avoid 피하다
- unintended 의도치 않은, 고의가 아닌
- corrupt 오류를 일으키다
- reusable 재사용 가능한
- distribute 배포하다
- create 생성하다, 만들다
- corporate network 사내 네트워크

Section 04

Self Check

Visual Basic is a programming language and environment developed by Microsoft. Based on the BASIC language, Visual Basic was one of the first products to provide a graphical programming environment for developing user interfaces. Instead of worrying about syntax details, the Visual Basic programmer can add a substantial amount of code simply by dragging and dropping controls, such as buttons and dialog boxes, and then defining their appearance and behavior.

Although not a true object-oriented programming language in the strictest sense, Visual Basic nevertheless has an object-oriented philosophy. It is sometimes called an event-driven language because each object can react to different events such as a mouse click.

Words

- **based on** ~에 근거하여
- **instead of** ~ 대신에
- **worry** 걱정하다
- **syntax** 구문, 문법
- **detail** 세부 사항
- **substantial** 상당한
- **appearance** 외관, 겉보기, 생김새
- **behavior** 동작, 성질
- **strictest** strict(엄격한)의 최상급
- **nevertheless** 그럼에도 불구하고
- **philosophy** 원리, 철학
- **react** 반응하다, 반작용하다

Section 05

Practical English

01

"You're telling me it will take 13 years to install my education! What kind of outdated software is this school using?"

"저의 교육을 설치하는 데 13년이 걸린다고 말씀하시는 거네요! 이 학교에서는 시대에 뒤떨어진 어떤 소프트웨어를 사용하고 계신 건가요?"

Words

- install 설치하다
- kind 종류
- outdated 구식의, 시대에 뒤떨어진
- software 소프트웨어

문장 해설

2개의 문장으로 구성되어 있는데 첫 번째 문장의 구조는 다음과 같습니다. You're telling me A!로 '당신(선생님)은 A라고 저에게 말씀하시는 거네요!'라고 해석할 수 있습니다. A는 it will take 13 years to install my education으로 '나의 교육을 설치하는 데 13년 걸린다'라는 내용입니다.

02

**"I regret upgrading to the super-premium cellular service.
I can smell your breath over the phone."**

"나는 최고급 휴대폰 서비스로 업그레이드한 것을 후회해.
전화기를 통해서 당신의 입 냄새를 맡을 수 있거든."

Words

- **regret** 후회하다
- **upgrade** 업그레이드하다
- **super-premium** 최고급
- **smell** 냄새 맡다
- **breath** 숨, 호흡

문장 해설

첫 번째 문장의 주어는 I이고 서술어는 regret이므로 '나는 후회한다'가 문장의 골격입니다. 즉 to 이하로 업그레이드한 것을 후회하는 것입니다. 이때 to 이하를 순서대로 해석하면 됩니다.

두 번째 문장은 주어가 I이고 서술어가 can smell이므로 '나는 냄새를 맡을 수 있다'가 골격이 됩니다. your breath는 '당신의 호흡(입) 냄새', over the phone은 '전화기를 통해서'라고 해석합니다. 보통 breath는 숨이나 호흡으로 해석하지만, 이 문장에서는 냄새를 맡게 되는 것이므로 입 냄새로 해석하는 것이 좋습니다.

03

www.glasbergen.com

KAREN GLASBERGEN

"Mom says I can only use the computer three hours a day.
It takes longer than just to delete my spam!"

"엄마는 내가 하루에 3시간만 컴퓨터를 사용할 수 있다고 하셨어요.
내 스팸 메일을 지우는 데만도 그것보다 더 오래 걸려요!"

Words

- only 오직, 단지
- hour 시간
- take (시간 등이) 걸리다
- longer long(길이, 시간 등이 긴)의 비교급
- delete 지우다, 삭제하다
- spam 스팸 메일

문장 해설

첫 번째 문장에서 주어와 서술어를 골라 보세요. I와 can일까요? 아니죠. 주어는 Mom이고 서술어는 says입니다. 즉 '엄마가 말씀하셨어'입니다. 그렇다면 뒤에 나오는 말은 무엇일까요? 바로 'says 이하의 내용을 엄마가 말했어'입니다. 뒤의 절에서 주어는 I이고 서술어는 can use로 '나는 사용할 수 있다'입니다. 목적어는 '컴퓨터를(the computer)'이고 three hours a day는 '하루에 3시간 동안'이라고 해석하므로 이를 모두 종합하면 '엄마는 내가 하루에 3시간만 컴퓨터를 사용할 수 있다고 하셨어요'가 됩니다.

두 번째 문장의 주어는 It이고 서술어는 takes입니다. 문장은 '그것은 (than 이하보다) 더 오래 걸

린다'로 해석합니다. longer는 비교급이므로 than 이하, 즉 '나의 스팸 메일을 지우는 데만도 그것보다 더 오래 걸려요'로 해석하면 됩니다.

여기에서 그것이 가리키는 것은 무엇일까요? 바로 엄마가 컴퓨터를 사용하도록 허락한 시간입니다. 즉 스팸 메일을 지우는 데만 해도 3시간을 초과한다고 한탄하는 문장입니다.

문장에서 three hours a day라는 표현 중 a는 per(마다)의 의미입니다. 즉 a day는 '하루에' 또는 '하루마다'라는 뜻이 되어 '매일'이라는 의미를 나타냅니다. '오늘만' 하는 것이 아니라 '매일 3시간씩' 컴퓨터를 사용할 수 있도록 엄마가 허락했다는 말입니다.

영작할 때 힘들어하는 부분 중 하나가 바로 a나 the 같은 부정관사나 정관사를 언제 붙이느냐 하는 것입니다. 이 책은 될 수 있으면 문법 설명을 배제하였지만, 이것은 알아 두어야 하는 최소한의 문법이므로 가볍게 짚어 보겠습니다.

부정관사는 어려운 말처럼 들리지만, 풀어 보면 정하지 않은 관사라는 뜻이고 정관사는 정해진 관사라는 뜻입니다. 부정관사인 a는 a 다음에 오는 명사가 정해지지 않은 명사이고 the 다음에 오는 명사는 정해진 것입니다. 예를 들어 보겠습니다.

정관사 the book은 '그 책'이란 뜻입니다. 즉 특정한 책입니다.

I gave her the book.
나는 그녀에게 그 책을 주었다.

부정관사 a book은 '어떤 책, 여러 책 중에 하나'란 뜻을 가집니다.

I gave her a book.
나는 그녀에게 책 한 권을 주었다.

두 가지 예는 의미에 큰 차이가 있습니다. the book을 쓰면 '우리 집에 조상 대대로 내려오던 바로 그 족보 책을 그녀에게 주었다'일 수 있고, a book을 쓰면 '우리 집에 족보 책을 100권 복사해 두었는데 그중에 아무거나 하나를 그녀에게 주었다'라는 의미가 될 수 있기 때문입니다. 따라서 a와 the는 조금 다른 경우에 사용된다는 것을 알 수 있습니다.

실제로 개인이 국가를 대표해 국제회의에서 발표할 일이 있거나, 중요 문서를 작성하거나, 조약을 체결할 때는 관사를 매우 주의해서 써야 합니다. 사소해 보이는 실수로 인해 국가적으로 치명적인 손해를 입을 수도 있기 때문입니다.

04

www.glasbergen.com

"No matter how many times I empty the trash, when I go out to the kitchen, the can is still full!"

"내가 아무리 여러 번 쓰레기통을 비워도,
부엌에 가 보면 쓰레기통은 언제나 가득 차 있어."

Words

- **no matter how** 어떻게 ~하든
- **empty** 비우다
- **trash** 쓰레기
- **kitchen** 부엌
- **can** (쓰레기)통
- **still** 여전히
- **full** 찬, 가득한

문장 해설

주어와 서술어를 찾아보세요. 지금까지 배운 문장 중 가장 어려울 것 같습니다. 주어는 the can이고 서술어는 is입니다. 즉 '그 통은 항상 가득 차 있다'가 기본 골격입니다. 나머지는 이 골격을 수식하는 말입니다. 첫 부분인 '내가 아무리 쓰레기통을 많이 비워도'와 두 번째 부분인 '내가 부엌에 갈 때'는 모두 이 기본 골격을 수식합니다. 따라서 첫 번째 부분부터 먼저 해석하고 순서대로 나머지 부분을 해석하면 됩니다.

주인공인 남편은 윈도우 시스템에 있는 '휴지통 비우기' 기능을 이용해서 '휴지통'을 자주 비웁니다. 이렇게 휴지통을 자주 비웠는데도 부엌에 가면 휴지통에는 여전히 쓰레기가 가득하다고 불만을 토로하는 모습입니다.

응용 문장

부인에게 '내가 관리하는 컴퓨터의 쓰레기통은 항상 깨끗한데, 당신도 집안 청소 좀 하지?'라고 말하고 있습니다. No matter how로 인해 '내가 아무리 쓰레기를 갖다 버려도 그대로야! 그대로!'라는 의미가 강해진 것입니다.

no matter how를 활용하여 새로운 구문을 만들어 봅시다.

No matter how hard it is, you have to do your best.
그것이 아무리 힘들더라도 당신은 최선을 다해야 한다.

no matter 다음에 how뿐만 아니라 what을 사용하는 경우도 많습니다.

No matter what you say, I will go my way.
당신이 뭐라고 하든지 나는 내 길을 갈 것이다.

No matter what you do, just don't give up!
당신이 무엇을 하든지 포기하지 마세요!

05

"I met someone wonderful in a chat room...
and then I found out she's a cat!"

"나는 채팅 방에서 멋진 사람을 만났어...
그러고 나서 그녀가 고양이라는 것을 알게 되었지!"

Words

- **met** meet(만나다)의 과거형
- **someone** 누군가, 어떤 사람
- **chat room** 채팅 방
- **then** 그러고 나서, 그 다음에

문장 해설 이러한 문장을 중문이라고 합니다. 문장 두 개가 한 문장처럼 붙어 있으므로 앞뒤 문장을 각각 해석해야 합니다. 앞 문장의 주어는 I이고 서술어는 met입니다. 즉 '나는 만났다'가 골격입니다. 뼈대에 살을 붙여 보죠. 목적어는 '멋진 사람을(someone wonderful)'이고 장소는 '채팅 방에서(in a chat room)'이므로 정리하면 '나는 채팅 방에서 멋진 사람을 만났어'입니다.

그럼 뒤 문장을 봅시다. 주어는 I이고 서술어는 found out입니다. 즉 '나는 ~을 알았다(알게 되었다)'로 해석하면 되는데, 뒤의 내용이 '그녀는 고양이다'입니다. 따라서 '그러고 나서 나는 그녀가 고양이라는 것을 알게 되었어'가 됩니다.

뒷부분에 나오는 she's는 she is의 준말입니다. 그렇다면 '그녀의', '그의'에 해당하는 소유는 어떻게 나타낼까요? 바로 her와 his입니다. 여기서 간단하게 소유격을 정리해 봅시다.

- 1인칭: my, our
- 2인칭: your
- 3인칭: his, her, its, their

그 밖의 경우에 소유격은 명사에 's(apostrophe s)를 붙여 만듭니다.

06

www.glasbergen.com

"My family thinks we have a brand new high resolution monitor – but all I did was wiping off the dust and fingerprints."

"가족들은 우리가 신상품의 고해상도 모니터를 가졌다고 생각하고 있어. 그러나 내가 한 일이라고는 먼지와 지문을 닦은 것이 전부였어."

Words

- **family** 가족, 식구
- **brand new** 신상품의
- **high resolution** 고해상도의
- **monitor** 모니터
- **wipe** 닦다, (얼룩을) 빼다
- **dust** 먼지
- **fingerprint** 지문

문장 해설

여기에 쓰인 문장 역시 중문입니다. 문법 이야기가 심심치 않게 나오죠? 하지만 우리가 그동안 배운 문법 용어가 그렇게 대단하거나 어려운 게 아닙니다. 중문은 두 개 이상의 단문이 등위접속사(and, but, or, for)로 연결되어 있는 문장입니다.

문장을 만들고 있는 제일 바깥쪽 문장의 주어는 My family, 서술어는 thinks입니다. 다음 문장에서 주어는 we이고 서술어는 have입니다. 그럼 but 이하 문장의 주어와 서술어를 골라봅시다. 이번에는 잘 생각해 봐야 합니다. 주어가 I일까요? 서술어는 did일까요, was일까요? 특이하게도 이 문장은 주어가 all I did라는 절입니다. 따라서 서술어는 was가 됩니다. 기본 골격을 해석하면 '내가 행한 모든 것은 ~였다'입니다. 이때 이미 한 행동은 '먼지와 지문을 닦아내기'입니다. 따라서 '그러나 내가 한 일이라고는 먼지와 지문을 닦아낸 것이 전부였어'로 해석합니다.

07

www.glasbergen.com

"Until the virus has been identified and removed, IT has issued an immediate ban on any use of e-mail attachments. For more details, please refer to the attached document."

"그 바이러스가 확인되고 제거되기 전까지 IT에서는 이메일 문서 첨부의 모든 사용을 즉시 차단하겠습니다. 더 세부적인 내용은 첨부한 문서를 참고하시기 바랍니다."

Words

- virus 바이러스
- identify 확인하다
- issue 발행하다
- immediate 곧 일어나는, 즉시의
- ban 금지, 금지령
- attachment 부착, 첨부
- detail 세부 사항, 상세 사항
- refer to ~을 참조하게 하다
- document 문서

문장 해설

2개의 문장으로 구성되어 있는데 첫 번째 문장이 다소 깁니다. 우선 주어와 서술어를 찾아보면 주어는 IT이고 서술어는 has issued입니다. 이때 IT는 Information Technology가 아니라 보안을 관리하는 회사나 기관 정도로 생각하면 좋을 듯합니다. 따라서 첫 번째 문장의 주요 부분은 IT has issued an immediate ban이며 이를 해석하면 'IT는 즉각적인 차단을 단행하겠다'는 의미입니다.

본문의 내용인 즉, 바이러스 때문에 이메일의 문서 첨부를 차단하겠다고 회사가 안내 메일을 보냈는데, 바로 그 메일에 문서를 첨부하고 있다는 어이없고 황당한 내용입니다.

인터넷 채팅 시작하기

외국인과 채팅을 해 보는 것은 좋은 경험이 됩니다. 언어도 언어지만 친구도 사귀고, 문화도 배울 수 있는 일석삼조 효과를 누릴 수 있기 때문입니다. 흔히 영어 채팅을 부담스러워하는 경우가 많은데 사실 걱정할 필요가 없습니다. 당장 영어권 사람들도 문법을 정확히 지키지 않는 경우가 많고, 비영어권 사람들이 많기 때문에 부담 없이 단어를 나열해도 뜻이 통하기 때문입니다. 처음부터 완벽하게 영어를 구사해야 한다는 편견은 버리는 것이 좋습니다. 처음에는 단어를 나열하는 식으로 채팅을 한다고 해도 시간이 지나면 자연스럽게 문장이 눈에 들어오고, 그러다 보면 점차 정확한 문법을 구사하는 수준에 오를 수 있습니다.

예를 들어 외국 사람이 여러분에게 다음과 같은 질문을 한다고 합시다.

Did you go to school with your friend by bus yesterday?
어제 네 친구와 함께 버스 타고 학교에 갔니?

이제껏 우리는 이 문장에 대한 대답을 다음과 같이 배워 왔습니다.

Yes, I went to school with my friend by bus yesterday.
응, 나는 어제 내 친구와 함께 버스를 타고 학교에 갔어.

이렇게 긴 문장은 초보자가 대답하기에는 조금 부담스럽습니다. 사실 이렇게 길게 할 것 없이 다음과 같이 간단하게 대답하면 됩니다.

Yes.
예.

간단하게 말한다고 해서 외국인이 알아듣지 못하는 것은 아닙니다. 물론 Yes, I did라고 대답하면 더 좋지만 우선은 Yes만으로 충분합니다. 반대로 외국인의 이야기를 듣고 여러분이 같은 질문을 한다고 가정해 봅시다.

I wanted to go to school with my friend by bus yesterday.
나는 어제 내 친구와 함께 버스를 타고 학교에 가고 싶었어.

이때 여러분은 외국인에게 다음과 같이 묻고 싶습니다.

So, did you go to school with your friend by bus yesterday?
그래서 너는 어제 네 친구와 함께 버스를 타고 학교에 갔니?

상당히 긴 문장이죠? 하지만 매번 이렇게 긴 문장을 작성할 필요가 있을까요? 다음과 같이 짧게 물어 보면 어떨까요?

Did you?
그렇게 했니?

간단하지만 충분합니다. 영어를 어렵게만 생각하지 말고 간단한 방법부터 차근차근 익히면 곧 한 단계 앞으로 나아갈 수 있을 것입니다.

이제 본격적인 인터넷 채팅으로 들어가 보겠습니다. 채팅 창이 실행되면 우선 무슨 말을 먼저 꺼내야 할지 고민스럽습니다. 이럴 때는 너무 어렵게 생각하지 말고 한국어로 채팅을 하듯 자연스럽게 시작합시다. 당연히 자기소개를 먼저 해야겠죠?

Jo: Hi ! I am Jo.
Susan: Hi! I am Susan.

먼저 인사말을 꺼냈는데 상대방이 수잔처럼 대답하지 않는다면 어떻게 할까요? 걱정할 필요 없습니다. 대부분은 수잔처럼 대답해 주며, 그렇지 않은 경우에는 다음과 같이 물어보면 됩니다.

What's yours?

위의 문장은 직역하면 "당신의 것은 무엇입니까?"지만 의역하면 "당신 이름은 무엇입니까?"가 됩니다. 처음 만난 사람이니 만큼 예의를 갖춰볼까요? 하지만 영어는 존댓말이 없어서 어떻게 표현할지 의문이 들 수 있는데요, 물론 영어에는 존댓말이 없습니다. 하지만 상대방에게 공손하게 대하는 표현은 있습니다. 한번 볼까요?

May I have your name (please)?

이 표현도 마찬가지로 직역하면 "내가 당신 이름을 가져도 될까요?"지만 "당신의 이름은 무엇입니까?"라는 공손한 표현입니다. 그럼 이번에는 좀 더 쉬운 표현을 찾아볼까요?

And, your name?

영어 회화에서는 웬만한 격식과 수식어를 생략해도 대화할 수 있습니다. 다음도 가능합니다.

And you?

더 간단하게 표현하면 다음과 같이 쓸 수 있습니다.

n u? (n=and, u=you)

이래서야 영어권 사람들이 알아들을지 의심이 드는 사람도 있을 테지만 걱정하지 마세요. 우리가 채팅할 때 나름의 표기가 있듯이, 영문 채팅에서도 단어를 모두 표기하지 않고 발음이 같은 알파벳을 표기하는 경우가 많습니다(5장의 '채팅 용어와 약어' 참조). 이렇게 간단한 표기 방법과 자주 사용되는 표현을 익혀 두면 더 쉽게 인터넷 채팅을 할 수 있습니다.

이제 통성명을 했으니 다음은 본격적인 이야기로 들어가 보죠. 먼저 서로의 관심사를 끌어내는 것이 좋습니다.

What's your favorite (   )?

영어에서 자주 사용하는 표현입니다. 이런 정형화된 표현을 수십 개만 알아 두어도 웬만한 의사소통에는 불편이 없습니다.

그럼 이 표현을 응용하여 다른 문장을 만들어 볼까요?

What's your favorite food?

What's your favorite sport?

단, 처음 만나는 사람에게는 지나치게 사적인 질문은 피하는 것이 좋습니다. 피해야 할 질문은 다음과 같습니다.

How old are you? 당신은 몇 살이세요?

How much do you weigh? 당신 몸무게가 어떻게 되나요?

Why did you get divorced? 당신은 왜 이혼했어요?

이러한 질문은 절친한 사이가 아니면 삼가야 합니다. 한국인의 사고로는 나이를 물어보는 것이 전혀 이상하지 않겠지만, 미국에서는 취업할 때도 나이를 묻지 않습니다. 만약 그 상대와 꽤 친해졌다고 생각하거나 꼭 민감한 문제를 묻고 싶다면 앞에서 이야기한 공손한 표현으로 조심스럽게 물어볼 수 있습니다. 그 예는 다음과 같습니다.

May I ask how old you are? 몇 살인지 물어봐도 되겠습니까?

Would you let me know your age? 당신의 나이를 알려 주시겠습니까?

Could you tell me your age? 당신의 나이를 말해 주시겠습니까?

다시 처음 질문으로 돌아와 보죠.

Jo: What's your hobby?
당신의 취미는 무엇입니까?

Susan: Video game.
비디오 게임입니다.

Jo: Wow, what a coincidence! Same here!
와, 우연의 일치로군요! 저도요!

처음으로 외국인과 채팅한 대학생 이야기를 들어 보면, 외국인이 영어를 줄여서 사용하기 때문에 채팅이 더 어렵다고 합니다. 앞서 살펴본 채팅 약어 이외에 외국인이 대화에서 자주 사용하는 약어를 살펴봅시다.

He's gonna play soccer.
그는 축구를 하려고 한다.

이때 잘 보지 못했던 단어가 있습니다. gonna는 going to의 줄임말입니다. 즉 He is going to play soccer이며 be going to ~는 '~하려고 한다'는 의미입니다. 다음을 살펴봅시다.

I wanna go home.
나는 집에 가고 싶어.

마찬가지로 wanna는 want to의 준말로 '~을 하고 싶다'로 해석합니다. 역시 자주 사용하는 표현이므로 잘 알아 둡시다.

이처럼 발음이 연음되어 굳어버린 단어를 살펴봅시다.

Gotcha!
처치해 버렸어!

Gotcha는 got you의 준말로 '너를 잡았다'는 의미지만 '아! 봐 버렸다' 또는 '처치해 버렸다'로 해석됩니다. 즉, 범인을 끈질기게 쫓던 경찰이 드디어 현장을 목격하고 잡았을 때 사용할 만한 표현입니다. 또 다른 의미로는 다음과 같이 사용할 수 있습니다.

Jo: Meet me at 6 o'clock!
6시에 만나자!

Susan: Gotcha!
알겠어!

이런 표현들은 한번 알아 두면 채팅할 때 요긴하게 사용할 수 있습니다.

현대자동차 웹사이트

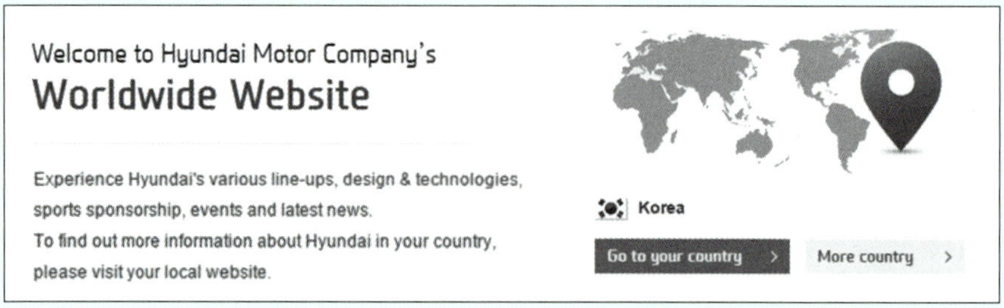

Welcome to Hyundai Motor Company's Worldwide Website

현대자동차 회사의 전 세계 웹사이트

Experience Hyundai's various line-ups, design & technologies,
sports sponsorship, events and latest news.
To find out more information about Hyundai in your country,
please visit your local website.

현대의 다양한 기종, 디자인과 기술, 스포츠 후원, 이벤트와 최신 뉴스를 경험하세요.
당신의 나라에 위치한 '현대'에 관한 더 많은 정보를 찾기 위해 당신 지역의 웹사이트를 방문해 주세요.

위의 Go to your country 버튼을 클릭하면 해당 지역의 정보를 얻을 수 있도록 구성해 놓았습니다. 아산공장, 연구(R&D) 센터, 제주공장, 울산공장, 현대자동차 본사 등의 정보를 검색할 수 있습니다.

연습문제

※ [ ] 안의 단어를 활용하여 아래의 문장을 완성하시오.

1 당신은 결국 컴퓨터가 그것을 이해할 수 있도록 하기 위해 당신의 프로그램을 기계어로 변환해야 한다. [eventually / convert / understand / into]

You (   ) need to (   ) your program (   ) machine language so that the computer can (   ) it.

2 비록 C가 고급 언어라고 해도 이는 어셈블리 언어에 매우 가깝다. [although / to / much]

(   ) it is a high-level language, C is (   ) closer (   ) assembly language.

※ 아래의 글을 참조하여 질문에 한글로 답하시오.

3 What does each language have? (   )

Each language has a unique set of keywords for organizing program instructions.

4 What is a similar object-oriented language to C++? (   )

Java is an object-oriented language similar to C++.

5 What was developed by Microsoft for competing with Sun's Java language? (   )

C# is a Microsoft programming language developed to compete with Sun's Java language.

※ **다음 글을 읽고 질문에 답하시오.**

> Although originally designed as a systems programming language, C has proved to be a powerful and flexible language that can be used for a variety of applications, from business programs to engineering.

6 이 문장에서 골격을 이루는 주어와 서술어를 찾아내시오.

____

7 C 언어는 초기에 유닉스를 작성하는 데 쓰였다. 어느 대목을 보면 알 수 있는지 관련된 부분을 적으시오.

____

8 마지막 부분에 from business programs to engineering은 어느 단어를 수식하는가?

____

※ **다음 문장을 해석하시오.**

9 Every language has its strengths and weaknesses.

____

※ 다음 글을 읽고 질문에 답하시오.

For example, an object-oriented draw program might enable you to draw many types of objects, such as circles, rectangles, triangles. Applying the same action to each of these objects, however, would produce different results. If the action is Make 3D, for instance, the result would be a sphere, box, and pyramid, respectively.

10 위의 내용이 프로그램과 관련되었다고 할 때, 3쌍의 입력과 출력을 각각 영어로 적으시오.

입력: ______________________________

출력: ______________________________

해답

1. eventually, convert, into, understand
2. Although, much, to
3. 프로그램 명령어를 정리하는 고유한 키워드의 집합
4. 자바
5. C#
6. 주어: C, 서술어: has proved
7. originally designed as a systems programming language
8. applications
9. 모든 언어는 강점과 약점을 가지고 있다.
10. 입력: circles, rectangles, triangles
    출력: sphere, box, pyramid

기출문제

01 다음 영문의 괄호 안에 적합한 정렬 방법은?

> The ( ) arranges the adjacent record keys as a result of comparing these. That is if they are not ordered, the two keys are exchanged each other.

① Bubble sort
② Insert sort
③ Heap sort
④ Radix sort

02 The days of week (MONDAY, TUESDAY, WEDNESDAY, THURSDAY, FRIDAY, SATURDAY, SUNDAY) is a data object. Which is the proper structure of the days of week?

① tree
② linked list
③ graph
④ array

03 다음 문장의 빈 칸에 적합한 용어는?

> The basic object that the ER model represents is an ( ), which is a "thing" in the real world with an independent existence.

① model
② entity
③ instance
④ relation

04 다음 문장의 괄호 안 내용 ① ~ ⑤에 가장 적합한 항목을 넣으시오.

(①) is a system for protecting the copyrights of data circulated via the Internet or other digital media by enabling secure distribution and/or disabling illegal distribution of the data. Typically, a(n) (①) system protects intellectual property by either encrypting the data watermark or similar method so that the content can not be freely distributed.

(②) is a network that is constructed by using public wires to connect nodes. For example, there are a number of systems that enable you to create networks using the Internet as the medium for transporting data. These systems use encryption and other security mechanisms to ensure that only authorized users can access the network and that the data cannot be intercepted.

(③) is a small portable computing device, similar to a notebook. However, it has a smaller form factor and comes with more limited features. What differentiates a(n) (③) from a notebook is its physical size and computing power. A(n) (③) typically has a small display, ranging from

7 to 10 inches. It weighs under 3 pounds, and support a keyboard that is reduced in size from 75~80 percent when compared to a standard keyboard. (③)s have built-in Wi-Fi, Ethernet, USB ports and slots for flash memory cards. To keep the devices small and compact, (③)s do not have a CD or DVD drive, and most use solid-state disks (SSD) for storage.

(④) is an attack where multiple compromised systems (which are usually infected with a Trojan) are used to target a single system causing a Denial of Service attack. Victims of a(n) (④) attack consist of both the end targeted system and all systems maliciously used and controlled by the hacker in the distributed attack.

(⑤) is a category of hardware and software that enables people to use the Internet as the transmission medium for telephone calls by sending voice data in packets using IP rather than by traditional circuit transmissions of the PSTN. One advantage of (⑤) is that the telephone calls over the Internet do not incur a surcharge beyond what the user is paying for Internet access, much in the same way that the user doesn't pay for sending individual e-mails over the Internet.

01 ①

문제해석: 버블 소트는 인접한 레코드의 키들을 비교하여 두 키가 순서적이지 않으면 두 레코드를 교환하여 순서적으로 배열하는 방법이다.

02 ④

문제해석: 요일(월, 화, 수, 목, 금, 토, 일)은 데이터 객체이다. 한 주의 요일은 어떤 것이 적절한 구조일까?

문제풀이: 한 주의 요일들을 표현하기에 적절한 자료구조는 배열이다.

03 ③

문제해석: ER 모델에서 나타내는 기본 객체는 현실 세계에서 독립적으로 존재하는 '실체'인 (엔티티)이다.

04 ① DRM ② VPN ③ Netbook
④ DDos ⑤ VoIP

(DRM)은 보안 배포를 설정하고 데이터의 불법적인 배포를 차단함으로써 인터넷이나 기타 디지털 매체를 통해 전송되는 데이터의 저작권을 보호하는 시스템이다. 일반적으로 (DRM) 시스템은 데이터 워터마크를 암호화하거나 이와 유사한 방법을 사용하여 콘텐츠의 유통을 제한해 지적 재산권을 보호한다.

(VPN)은 노드를 연결하는 공중망으로 네트워크를 구성한다. 예를 들어 데이터 전송 매체로 인터넷을 사용하여 네트워크를 만들 수 있는 시스템이 많다. 이들 시스템은 암호화나 기타 보안 메커니즘을 사용해 허가된 사용자만 네트워크에 접근할 수 있으며, 데이터를 중간에 가로챌 수 없게 한다.

(넷북)은 노트북과 비슷한 작은 휴대용 기기이다. 그러나 노트북보다 더 작으며 제한된 기능만 제공한다. 노트북과 (넷북)의 차이로는 물리적 크기와 연산 능력을 들 수 있다. (넷북)은 일반적으로 7-10인치로 화면이 작다. 무게는 1.5kg 이하이며 표준 키보드보다 70~80% 정도 크기를 축소한 키보드를 제공한다. (넷북)은 무선 인터넷, 이더넷, USB 포트, 플래시 메모리 카드 슬롯 등을 내장한다. 작은 크기를 유지하기 위해 (넷북)은 CD나 DVD 드라이브가 없으며 저장 장치로는 SSD를 사용하는 것이 보통이다.

(DDoS)는 트로이 목마에 감염된 다수의 시스템을 통해 특정 시스템에 공격을 시도해 서비스 거부 공격을 일으킬 때 사용한다. (DDoS) 공격의 희생자는 최종 공격 대상 시스템과 해커가 분산 공격에 이용한 모든 시스템이 된다.

(VoIP)는 기존부터 사용되고 있던 PSTN 전송망 대신 IP를 이용해 패킷에 음성 데이터를 실어 보내 전화 통화를 가능하게 하는 하드웨어와 소프트웨어를 일컫는다. (VoIP)는 인터넷을 통해 전화 통화를 하므로 상대방이 인터넷 사용에 비용을 지불하고 있다면 추가 비용이 발생하지 않는다는 장점이 있다. 이는 인터넷으로 이메일을 발송할 때 비용을 지불하지 않는 것과 비슷하다.

Chapter 04

Computer Network

Section 01 Computer Network
Section 02 Network Topology
Section 03 Kevin Mitnick
Section 04 Self Check
Section 05 Practical English

Intro

At the beginning age of computers and communications technologies, these two technologies were dealt as totally different subjects. However, as those technologies developed, they began to merge. The innovation of new technology called a computer network emerged and changed the entire way of human life. In this chapter, we are going to learn the definition of computer networks, as well as the classification of networks and topologies.

컴퓨터와 통신 기술이 시작할 무렵에는 두 기술이 전혀 다른 주제로 다루어졌다. 그러나 이들 기술이 발전함에 따라 서로 융합되기 시작했다. 컴퓨터 네트워크라고 불리는 새로운 기술 혁신이 나타났고, 이 기술은 인간의 생활 방식을 완전히 바꿔 놓았다. 이 장에서는 컴퓨터 네트워크의 정의뿐만 아니라 네트워크 분류와 토폴로지를 배우고자 한다.

Section 01 Computer Network 컴퓨터 네트워크

01 The Definition of Computer Network 컴퓨터 네트워크 정의

Computer networks are data communication systems combining computers and networks. Physically, computer networks are composed of many computers or terminals connected with communication lines. The computer networks enable users to share access to information through various networks. Some networks span the globe and others cover a relatively small area.

Data communication system supports the process of transmitting information from one location to another. A data communication system consists of a group of terminals, computers, programs, and transmission equipment.

컴퓨터 네트워크는 컴퓨터와 네트워크가 결합된 데이터 통신 시스템이다. 물리적으로 컴퓨터 네트워크는 통신 선로로 연결된 많은 컴퓨터나 터미널로 구성되어 있다. 컴퓨터 네트워크는 다양한 네트워크를 통해 사용자들이 정보에 접근하는 것을 공유할 수 있게 한다. 일부 네트워크는 전 세계에 걸쳐 있고, 일부 네트워크는 비교적 좁은 지역에 걸쳐 있다.

데이터 통신 시스템은 한 장소에서 다른 장소로 정보를 전송하는 절차(기능)를 제공한다. 데이터 통신 시스템은 터미널, 컴퓨터, 프로그램, 전송 장비 그룹 등으로 구성된다.

Words

- data communication system 데이터 통신 시스템
- combine 결합하다
- be composed of ~로 구성되다
- enable 가능하게 하다
- span 걸치다, 포괄하다
- cover (어느 범위에) 걸치다
- relatively 비교적
- transmit 전송하다
- consist of ~로 구성되다
- equipment 장비, 장치

02 Type of Computer Network 컴퓨터 네트워크 종류

Computer networks are a group of two or more computer systems linked together. There are many types of computer networks, including.

- **LAN**(Local Area Network): The computers are geographically close together(that is, in the same building).
- **WAN**(Wide Area Network): The computers are farther apart and are connected by telephone lines or radio waves.
- **CAN**(Campus Area Networks): The computers are within a limited geographic area, such as a campus or military base.
- **MAN**(Metropolitan Area Networks): A data network designed for a town or city.
- **HAN**(Home Area Networks): A network contained within a user's home that connects person's digital devices.

컴퓨터 네트워크란 두 개 이상의 컴퓨터 시스템이 그룹으로 연결된 것이다. 컴퓨터 네트워크의 종류는 다음과 같이 매우 다양하다.

- **LAN**(근거리 통신망): 컴퓨터들이 지리적으로 가까이 있다(같은 건물 내에 있다).
- **WAN**(원거리 통신망): 컴퓨터들이 서로 멀리 떨어져 있으며, 전화선이나 라디오파를 통해 연결된다.
- **CAN**(캠퍼스 지역 통신망): 컴퓨터들이 대학 캠퍼스 또는 군사 기지 같은 제한된 지리적 지역 안에 있다.
- **MAN**(대도시 지역 통신망): 마을이나 도시를 위해 설계된 데이터 네트워크이다.
- **HAN**(주택 지역 통신망): 사용자의 디지털 장치와 연결되어 사용자의 집안에 포함되어 있는 네트워크이다.

Words

- linked together 같이 연결된
- geographically 지리적으로
- wide 폭넓은
- limit 제한하다
- military base 군사 기지
- metropolitan 대도시, 거대 도시
- design 설계하다
- contain 포함하다, 내포하다
- within ~의 안쪽에, ~의 범위 안에
- connect 연결하다

03 Type of Network 네트워크 종류

In addition to these types, the following characteristics are also used to categorize different types of networks:

- **topology**: The geometric arrangement of a computer system. Common topologies include a bus, star, and ring.
- **protocol**: The protocol defines a common set of rules and signals that computers on the network use to communicate. One of the most popular protocols for LANs is called Ethernet. Another popular LAN protocol for PCs is the IBM token-ring network.
- **architecture**: Networks can be broadly classified as using either a peer-to-peer or client/server architecture.

Computers on a network are sometimes called nodes. Computers and devices that allocate resources for a network are called servers.

이러한 종류 외에 다음 특징(구분)에 따라 서로 다른 종류의 네트워크를 분류할 수 있다.

- **토폴로지**: 컴퓨터 시스템의 기하학적인 배치. 일반적인 토폴로지에는 버스, 스타(별 모양), 링이 있다.
- **프로토콜**: 프로토콜은 네트워크에서 컴퓨터들이 통신할 때 쓰는 공통적인 규칙과 신호 집합을 정의한 것이다. 근거리 통신망(LAN)에서 사용하는 가장 유명한 프로토콜 중 하나가 이더넷이라고 불린다. PC를 위한 또 다른 유명한 근거리 통신망 프로토콜로는 IBM의 토큰링 네트워크가 있다.
- **구조**: 네트워크는 피어투피어(P2P) 또는 클라이언트/서버 구조를 사용하는 것으로 분류할 수 있다.

네트워크상에 있는 컴퓨터를 노드라고 부르기도 한다. 네트워크를 위해 자원을 할당하는 컴퓨터와 장비를 서버라고 부른다.

Words

- characteristic 특징, 특성
- categorize 분류하다
- geometric 기하학의
- define 정의하다
- set 집합
- broadly 넓게
- peer-to-peer (네트워크상의 컴퓨터를 연계하는) 피어투피어
- architecture 구조, 설계
- sometimes 가끔, 때때로
- node 노드, 접속점
- allocate 할당하다
- resource 자원

Section 02

Network Topology 네트워크 토폴로지

01 Type of Network Topology 네트워크 토폴로지 종류

Network Topology is the shape of a local-area network (LAN) or other communications system. Topologies are either physical or logical.

There are four principal topologies used in LANs.

- **Bus topology:** All devices are connected to a central cable, called the bus or backbone. Bus networks are relatively inexpensive and easy to install for small networks. Ethernet systems use a bus topology.
- **Ring topology:** All devices are connected to one another in the shape of a closed loop, so that each device is connected directly to two other devices. Ring topologies are relatively expensive and difficult to install, but they offer high bandwidth and can span large distances.
- **Star topology:** All devices are connected to a central hub. Star networks are relatively easy to install and manage, but bottlenecks can occur because all data must pass through the hub.
- **Tree topology:** A tree topology combines characteristics of linear bus and star topologies. It consists of groups of star-configured workstations connected to a linear bus backbone cable.

These topologies can also be mixed. For example, a bus-star network consists of a high-bandwidth bus, called the backbone, which connects collections of slower-bandwidth star segments.

네트워크 토폴로지는 근거리 통신망(LAN) 또는 다른 통신 시스템의 형태이다. 토폴로지에는 물리적 토폴로지와 논리적 토폴로지가 있다.

LAN에서는 네 가지 기본적인 토폴로지가 사용된다.

- **버스 토폴로지:** 모든 장치가 버스 또는 백본이라 부르는 중앙 케이블에 연결되어 있다. 버스형 망은 비교적 저렴하고 소규모 망에서 설치하기 쉽다. 이더넷 시스템은 버스 토폴로지를 사용한다.
- **링 토폴로지:** 모든 장비가 각기 다른 두 개의 장비에 직접 연결되는, 닫힌 루프 형태로 연결된다. 링 토폴로지는 비교적 비싸고 설치하기 어렵지만, 높은 대역폭을 제공하고 원거리까지 연결할 수 있다(확장이 용이하다).
- **스타 토폴로지:** 모든 장비가 중앙 허브에 연결된다. 스타 망은 설치와 관리가 비교적 쉬운 편이지만, 모든 데이터가 허브를 지나야 하기 때문에 병목현상이 일어날 수 있다.
- **트리 토폴로지:** 트리 토폴로지는 선형인 버스와 스타 토폴로지의 특성을 결합한 것이다. 그것은 선형 버스 백본 케이블로 연결되어 스타형으로 설정된 워크스테이션 그룹으로 구성된다.

이러한 토폴로지들은 또한 복합적으로 사용될 수 있다. 예를 들면 버스-스타 망은 백본이라고 불리는 큰 대역폭의 버스로 구성되어 있으며 이는 더욱 느린 대역폭의 스타 부분과 연결되어 있다.

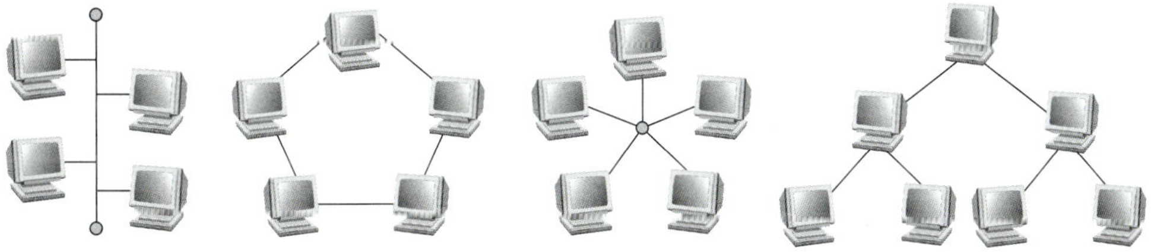

버스 토폴로지 링 토폴로지 성 토폴로지 계층 토폴로지

Words

- local 지역의, 좁은 지역에 한정되는
- backbone 백본
- relatively 비교적
- inexpensive 비용이 들지 않는, 저렴한
- shape 모양, 형상, 형태
- expensive 돈이 드는, 값 비싼
- span 확장하다, 걸치다
- distance 거리
- bottleneck 병목현상
- occur 일어나다, 발생하다
- combine 결합하다
- mix 섞다, 혼합하다
- collection 수집, 모집
- bandwidth 대역폭

Section 03

Kevin Mitnick 케빈 미트닉

kevin Mitnick (born August 6, 1963) is one of the most famous crackers to be jailed and convicted. Mitnick was arrested by the FBI on February 15, 1995 and charged with breaking into some of the United States' most "secure" computer systems.

In December of 1988, he was arrested for stealing programs and tapping into Digital Equipment's computer network. Digital Equipment officials claimed that Mitnick had caused $4 million in damage to computer operations and stole over $1 million in computer software. In 1989, he was convicted and served one year in prison and six months in a resident treatment center. At the center he participated in a program to try to help him break his "hacking addiction".

After his release in 1990, he seemed to be attempting to reform. He had trouble finding a computer related job, due to his past reputation, but he finally found work with a private investigation firm. Then in 1992 after Kevin's brother died of a heroin overdose, he fell into depression and began to revert to his old habits. In late 1992, when the FBI went to question Mitnick about some computer break-ins at Pacific Bell, they found that he had fled. From that time forward, Mitnick was "on the run" from the FBI, and in several instances, he escaped just narrowly. He moved from city to city, all the while continuing to hack into computer networks through a laptop and cellular phone.

Then on December 25, 1994, Mitnick hacked into the home computer of Tsutomu Shimomura, a well-known security expert. Shimomura became determined to find the intruder. After about two months of work, Shimomura helped the FBI track the intruder's computer to Raleigh, North Carolina. Mitnick was soon arrested at his apartment at 1:30 a.m. on February 15, 1995.

Some people say that hackers' destructive activities are harmful to the society, while others say that hackers contribute to the development of security technologies.

케빈 미트닉(1963년 8월 6일 출생)은 감옥에 수감되고 유죄를 선고받은 가장 유명한 크래커 중 한 사람이다. 미트닉은 1995년 2월 15일에 FBI에 의해 체포되었으며, 미국에서 가장 "안전한" 컴퓨터 시스템에 침입한 혐의로 기소되었다.

1988년 12월 그는 디지털 이큅먼트 사의 컴퓨터 네트워크를 도청하고 프로그램을 훔쳤다는 죄목으로 체포되었다. 디지털 이큅먼트 사 측은 미트닉이 컴퓨터 운영에 4백만 달러어치의 손해를 끼쳤고, 백만 달러에 달하는 컴퓨터 소프트웨어를 훔쳤다고 주장했다. 1989년 그는 유죄를 선고받고 1년간 감옥 생활을 했으며 여섯 달 동안 거주민 재활 센터에서 복역했다. 그 센터에서 미트닉은 "해킹 중독"에서 벗어날 수 있도록 도와주는 프로그램에 참여했다.

1990년 석방 후, 그는 바뀌기 위해 노력하는 것처럼 보였다. 그는 과거의 평판으로 인해 컴퓨터와 관련된 직업을 찾는 데 어려움을 겪었지만, 결국 사설 수사 업체에서 일을 찾았다. 그러나 1992년 미트닉의 동생이 헤로인 과다 복용으로 사망한 후, 그는 우울 증세에 빠졌고 오랜 습관으로 돌아가기 시작했다. 1992년 후반에 퍼시픽벨 사의 컴퓨터에 수차례 침입한 것에 대해 FBI가 미트닉을 심문하러 방문했을 때, 미트닉은 이미 도망치고 없었다. 그 이후로 미트닉은 FBI로부터 도망을 다니며 몇 차례의 위기를 간신히 모면하기도 했다. 그는 이 도시에서 저 도시로 전전하면서, 노트북과 휴대폰으로 컴퓨터 네트워크를 계속해서 해킹했다.

1994년 12월 25일 미트닉은 유명한 보안 전문가인 츠토무 시모무라의 가정용 컴퓨터에 침입하였다. 시모무라는 그 침입자를 찾아내기로 결심하였다. 두 달간의 노력 끝에, 시모무라는 FBI를 도와 노스캐롤라이나주 랠리에 있는 침입자, 미트닉의 컴퓨터를 추적하였다. 미트닉은 곧 그의 아파트에서 1995년 2월 15일 오전 1시 30분에 체포되었다.

어떤 사람들은 해커들의 파괴적인 행동이 사회에 해를 끼친다고 하고, 또 어떤 사람들은 해커들이 보안 기술의 발전에 기여하고 있다고도 한다.

Words

- famous 유명한
- cracker 크래커
- be jailed (동사) 수감되다
- be convicted 유죄를 선고받다
- be arrested 체포되다
- charge with ~의 죄로 기소하다, 고소하다
- break into 침입하다
- steal 훔치다
- tapping 도청
- claim 주장하다
- serve 복역하다
- prison 감옥
- participate in ~에 참여하다
- addiction 중독
- release 석방
- reform 개선하다
- have trouble ~ing ~하는 데 어려움을 겪다
- reputation 평판, 명성
- investigation 수사
- overdose (약의) 과다 복용
- fell fall(빠지다)의 과거형
- fall into depression 우울 증세에 빠지다
- revert (본래 상태, 습관 등)으로 돌아가다
- habit 습관
- break-ins 절도
- fled flee(도망치다)의 과거형
- escape 도망치다
- narrowly 겨우, 간신히
- laptop 노트북 컴퓨터
- cellular phone 휴대폰
- hack into ~에 침입하다
- security expert 보안 전문가
- determine 결정하다
- intruder 침입자
- track 추적하다
- destructive activity 파괴적인 행동
- society 사회
- security technology 보안 기술

Tip

해커

해커(Hacker)의 어원은 컴퓨터 프로그래밍에 열중하는 개발자들을 지칭하는 좋은 의미였으나 최근에는 크래커(Cracker)라는 용어와 구분하지 않고 타인의 컴퓨터에 불법으로 접근하여, 컴퓨터에 고장을 일으키게 하거나 컴퓨터에 수록된 정보를 탐지하고 자료를 변조 또는 파괴하는 사람의 의미로 사용하고 있습니다.

해커는 자신이 사용하는 개인용 컴퓨터를 이용하여 침입하고자 하는 컴퓨터의 통신망에 접속한 다음, 상대방이 설치한 여러 가지 보안 장치를 해제하여 컴퓨터 자료를 읽거나 쓸 수 있도록 한 후에 이를 복사, 변조, 파괴합니다. 컴퓨터 통신망이 발전하면서 전 세계의 컴퓨터들이 통신망에 연결되기 시작하자 해커들의 활동이 여러 곳에서 드러났는데, 특히 인터넷의 활용이 많아지면서 해커들에 의한 피해는 날로 증가하고 있습니다.

해커들은 보통 범죄를 목적으로 하거나 자신이 가지고 있는 컴퓨터에 대한 고도의 기술 능력을 과시하기 위해 이와 같은 일을 합니다. 해커는 때와 장소를 가리지 않고 침입할 수 있으며 그가 누구인지 확인하기도 매우 어렵습니다. 해커를 막는 방법은 방화벽 등을 이용하여 컴퓨터 통신망의 보안 체제를 강화하고 불법 접근을 감시할 수 있는 체제를 구축하는 방법뿐입니다. 그러나 아직 이들을 완벽하게 막을 수 있는 방법은 없습니다.

Section 04

Self Check

Data communication is the transmitting of data and programs among computers, terminals and other equipment. For communication to be effective and efficient, the sending and receiving devices must work together. A protocol is a set of procedures used to regulate the transfer of data between communication devices.

Words

- transmitting 전송
- effective 효과적인
- efficient 효율적인
- sending 송신
- receiving 수신
- together 함께
- procedure 절차
- regulate 규정하다
- transfer 전송, 이동

Protocols include many functions such as error detection and transmission, line and message control, and identification procedures. Major manufacturers of communication equipment provide their own protocols. The adaption of standard protocol makes communication systems easier to organize and modify and usually increases their efficiency.

Words

- protocol 프로토콜, 통신 규약
- function 기능
- error 오류
- detection 발견, 탐지
- transmission 전송, 송신
- identification 신원의 확인
- major 주요한
- manufacturer 생산자, 제조자
- provide 제공하다
- adaption 적응, 순응
- modify 수정하다
- increase 증진시키다

Section 05 Practical English

01

"Sometimes you're a cell phone, sometimes you're a web browser, sometimes you're a contact manager. you have multiple personality disorder."

"어떨 때 당신은 전화이고, 어떨 때 당신은 웹브라우저이고,
어떨 때 당신은 연락 책임자입니다. 당신은 다중인격장애자입니다."

Words

- sometimes 때때로, 이따금
- web browser 웹브라우저
- contact manager 연락 책임자
- multiple personality disorder 다중인격장애

문장 해설

첫 번째 문장의 구조는 Sometimes you're A, sometimes you're B, sometimes you're C~입니다. '어떨 때 당신은 A이고, 어떨 때 당신은 B이고, 어떨 때 당신은 C이기도 하고~'로 해석됩니다. 즉 sometimes you're ~로 반복되는 문장입니다. 마지막 문장에서 당신은 다중인격자애자라는 말로 마무리하면서 결국, 휴대폰이 주는 다양한 기능을 강조한 삽화가 되겠습니다.

Tip

스마트폰

스마트폰(Smartphone)은 PC와 같은 기능을 제공하는 휴대폰으로, 전화 기능이 있는 소형 컴퓨터라고 할 수 있습니다. 가장 큰 특징 중의 하나는 무선 인터넷을 이용하여 인터넷에 직접 접속할 수 있을 뿐만 아니라 여러 가지 브라우징 프로그램을 이용하여 인터넷을 쓸 수 있다는 점입니다. 따라서 이메일, 인터넷, 전자책 읽기가 가능하며, 추가적으로 내장형 키보드나 외장형 USB 키보드, VGA 단자 등의 고급 기능을 갖출 수 있습니다.

또한 다양한 응용 프로그램을 통하여 자신에게 알맞은 인터페이스를 구현할 수 있다는 점, 그리고 같은 운영체제(OS)를 가진 스마트폰 간에 응용 프로그램을 공유할 수 있다는 점 등도 기존 피쳐폰(Featurephone)이 갖지 못한 장점으로 꼽힙니다. 사용자는 자기가 원하는 응용 프로그램을 선택하여 무료나 유료로 다운로드하여 설치, 혹은 삭제할 수 있고 직접 제작할 수도 있습니다.

스마트폰은 일반 휴대폰에 비해 대용량 메모리를 채택하고 두뇌 역할을 하는 운영체제가 탑재되어 있다는 점에서 PDA와 유사하지만, 네트워크를 이용한 서비스가 더욱 활성화되어 있어 기존의 일반 휴대폰과 비교해 볼 때 장점이 더 많습니다.

02

www.glasbergen.com

"I forgot to make a back-up copy of my brain, so everything I learned last semester was lost."

"내 두뇌의 예비의 복사본을 만드는 것을 깜빡해서, 지난 학기에 배운 모든 것을 다 잊어버렸어."

Words

- **forgot** forget(잊다)의 과거형
- **back-up** 예비의, 뒷받침
- **semester** (1학년 2학기제 대학의) 한 학기
- **be lost** 잊어버리다

문장 해설

위의 문장은 so라는 등위접속사로 2개의 문장이 연결된 중문입니다. 먼저 so 이후의 문장에서 주어와 서술어를 찾아보도록 합시다. 얼핏 보면 I가 주어이고 learned가 서술어라고 생각할 수도 있지만 마지막에 was lost가 나오는군요. 결국 주어는 everything이며 was lost가 서술어입니다. I learned last semester는 주어 everything을 수식하는군요. 따라서 '내가 지난 학기에 배운 모든 것'이 주어가 되며 '그것을 잊어버렸다'는 뜻이 됩니다.

문장의 서두에 a back-up copy라는 부분이 있는데 back-up이 명사형으로 '저장'이라는 의미가 있습니다. 그러나 여기에서는 명사형으로 해석하기보다 copy를 수식하는 형용사로써 '예비의'라는 뜻이 있습니다. 즉, '예비의 복사본'이라는 의미로 해석됩니다.

03

"I hacked into the school's computer and changed all my grades. Then the school hacked into my computer and deleted all my games!"

"나는 학교 컴퓨터를 해킹해서 내 성적을 모두 수정했어.
그러자 학교가 내 컴퓨터를 해킹해서 내 게임을 모두 지워 버렸어!"

Words
- hack into ~로 침입하다
- grade 성적

문장 해설

첫 번째 문장은 주어가 I로 쉽게 찾을 수 있습니다. 그렇다면 서술어는 무엇일까요? 답을 hacked로 했다면 잘 찾았습니다. hacker(해커)는 hack(침입하다)라는 동사의 명사형이죠. 여기에서 hack into ~는 '~를 해킹하다'는 뜻입니다. 그런데 이 문장에는 동사가 하나 더 있습니다. 어느 것일까요? 바로 changed입니다. 따라서 이 문장은 I라는 주어 하나에 서술어 2개가 and로 연결된 것입니다. '나는 학교 컴퓨터를 해킹해서 내 성적을 모두 수정했다'로 해석합니다.

두 번째 문장을 자세히 보면 어디선가 많이 본 듯한 문장 표현입니다. 맞습니다! 바로 위 문장과 형태가 비슷합니다. 주어가 the school이고 서술어가 hacked와 deleted입니다. 따라서 '그러자 학교가 내 컴퓨터를 해킹해서 내 게임을 모두 지워 버렸어!'로 해석할 수 있습니다.

04

"Our web site got 150 hits today!"

"우리의 웹사이트는 오늘 150번 맞았어!"

Words · web site 웹사이트 · hit 때리다, 명중하다, 타격, 명중

문장 해설

영어를 해석하다 보면 같은 단어가 여러 가지 의미를 갖고 있는 것을 알 수 있습니다. 게다가 전혀 다른 의미를 가질 수도 있죠. 이런 단어는 대개 상황이나 앞뒤의 문맥에 따라 의미가 결정됩니다.

위 문장에서 hit를 어떻게 해석할까요? 우선 망가진 컴퓨터와 몽둥이를 들고 있는 남자가 보입니다. 남자가 컴퓨터를 망가뜨리고 있고 150번 hit했다고 하니 컴퓨터를 방망이로 때려 부순 것을 알 수 있습니다. 그런데 영어에서는 사용자가 웹사이트에 접속한 건수를 표현할 때도 hit라고 합니다. 따라서 이 문장은 '사용자가 웹사이트에 150번 접속했어!'라는 표현이 될 수도 있습니다. hit의 다양한 의미를 활용한 유머겠죠?

05

**"I want my husband to pay more attention to me.
Got any perfume that smells like a computer?"**

"나는 내 남편이 나에게 더욱 관심을 가졌으면 좋겠어요.
컴퓨터와 같은 냄새가 나는 향수를 가지고 있나요?"

Words

- want 원하다
- husband 남편
- pay attention (to) 관심을 가지다
- perfume 향수
- smell like ~와 같은 냄새가 나다

문장 해설

먼저 첫 번째 문장의 주어는 I이고 서술어는 want입니다. 한국어 구조에 맞춰 서술어 다음 내용을 주어와 서술어 사이에 넣어서 해석하면 됩니다. to 이하는 목적어가 '~하기를'로 해석할 수 있습니다. to pay more attention은 '더욱 관심을 가져 주기를'이므로 '내 남편이 나에게 더욱 관심을 가져주기를 원한다'는 의미가 됩니다.

두 번째 문장에서 Got any perfume?은 '(어떤) 향수를 가지고 있나요?'로 해석합니다. 다르게 표현하면 Do you have any perfume?이 가능합니다. 영어권에서는 간단하게 이런 표현을 자주 사용합니다. that 이하는 향수가 어떤 향수인지를 알려 주기 위해 perfume을 수식하는 절입니다. 즉 '컴퓨터와 같은 냄새가 나는 향수'입니다. smell like ~ 표현은 앞에서 배운 적이 있지요?

06

www.glasbergen.com

"Some people are still afraid to use their credit card online, so I set up our e-store with a web cam and a grandma."

주문하시겠어요?

"어떤 사람들은 온라인에서 신용 카드를 사용하는 것을 여전히 두려워하고 있어요. 그래서 나는 우리의 전자 상점을 웹캠과 할머니로 꾸몄어요."

Words

- **be afraid to** ~하는 것을 두려워하다
- **credit card** 신용 카드
- **e-store** 인터넷상의 전자 상점
- **web cam** 웹캠
- **grandma** 할머니

문장 해설

주어는 Some people이고 서술어는 are입니다. 따라서 문장의 앞부분을 해석해 보면 '일부 사람들은 여전히 두려워한다'입니다. 목적어는 '신용 카드를 사용하는 것(use their credit card)'이므로 '어떤 사람은 온라인에서 신용 카드를 사용하는 것을 여전히 두려워하고 있다'가 됩니다.

위 문장에서 마침표가 하나인 것을 보아 이 문장은 하나입니다. 그런데 자세히 살펴보면 절이 두 개인 중문인 것을 알 수 있습니다. 두 번째 절에서 주어는 I, 서술어는 set up(구성했다)입니다. 여기에서 set up은 현재형처럼 보이지만 문맥상 과거로 해석해야 합니다. set은 과거형과 현재형이 모두 set입니다. 목적어는 '우리의 전자 상점을(our e–store)'이므로 종합하면 '그래서 나는 우리의 전자 상점을 웹캠과 할머니로 꾸몄다'입니다.

응용 문장

본문의 문장을 활용하여 새로운 문장을 만들어 봅시다.

Some students are still afraid to study the discrete math.
몇몇 학생들은 여전히 이산수학 공부를 두려워한다.

The children still want to have candies after brushing their teeth.
그 아이들은 양치 후에도 여전히 사탕을 먹고 싶어 한다.

07

www.glasbergen.com

"To upgrade or not to upgrade, that is the question!"

만약 셰익스피어가 그의 희곡을 컴퓨터로 적었다면...

"업그레이드할 것이냐 업그레이드하지 않을 것이냐, 그것이 문제로다!"

Words

- **upgrade** 업그레이드, 승격시키다, 질을 높이다
- **question** 문제

문장 해설

박스 안에 있는 문장을 먼저 분석해 보겠습니다. if로 문장이 시작할 때 다음 절에 then이 따라오는 경우가 있습니다. 예를 들어 If I have a pen, then I'll send you a letter(내가 만약 펜이 있다면 너에게 편지를 보낼 거야)처럼 앞서 설명한 상황의 결과를 then 이하에서 보여 주는 것입니다.

해당 문장에서 If와 연결되는 then을 추측해 보면, then에 해당하는 부분은 그림에서 셰익스피어가 말하는 대목이라고 생각하면 됩니다. 따라서 전체 문장은 If Shakespeare had written his plays on a computer, then he would say to upgrade or not to upgrade, that is the question!입니다.

응용 문장

아래에 있는 문장은 셰익스피어의 대작 중 하나인 『햄릿』에 나오는 대사입니다.

> **To be or not to be, that is the question!**
> 죽느냐 사느냐, 그것이 문제로다!

셰익스피어가 컴퓨터로 희곡을 쓴다고 가정합시다. 컴퓨터를 쓰다 보면 새로운 버전의 워드프로세서나 운영체제가 나올 것입니다. 새로운 소프트웨어는 향상된 기능을 제공해 주겠지만 새롭게 익히기는 쉽지 않습니다. 이때 셰익스피어는 To upgrade or not to upgrade, that is the question!이라고 하지 않을까요?

08

www.glasbergen.com

"After all our online chats, I'm happy to finally meet you in person!"
"Me too!"

"온라인 채팅으로만 만나다가, 마침내 당신을 직접 보게 되어 기쁩니다."
"저도요!"

Words

- after all 결국
- online chat 온라인 채팅
- finally 마침내, 결국은
- in person 직접, 몸소

문장 해설

person은 사람이라는 뜻인데 in과 함께 사용하면 '직접, 몸소'라는 특별한 뜻으로 살짝 변합니다. 두 주인공은 온라인으로만 만나다가 직접 만나게 되었는데도 매체를 통해서 대화하고 있네요.

IoT

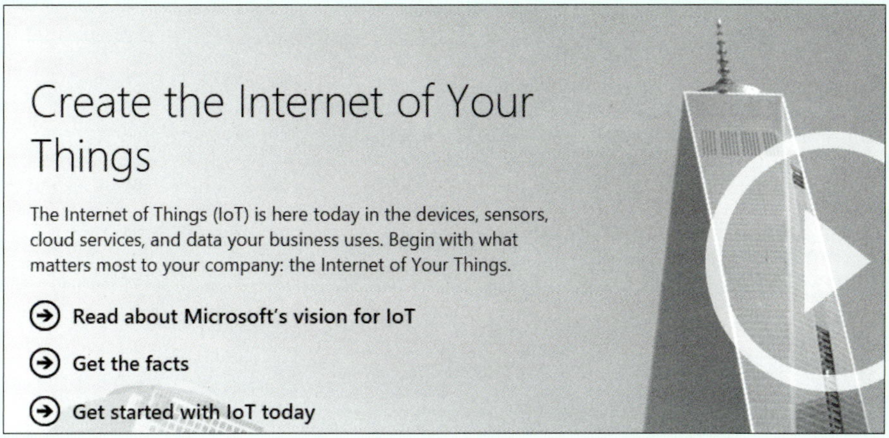

Create the Internet of Your Things

사물인터넷을 시작하세요

The Internet of Things (IoT) is here today in the devices, sensors, cloud services, and data your business uses. Begin with what matters most to your company: the Internet of your Things.

IoT는 오늘날 장비, 센서, 클라우드 서비스, 그리고 당신의 사업에서 사용하는 데이터 속에 존재합니다. 당신의 회사에서 가장 중요한 것으로 시작하세요, 사물인터넷!

위의 문장은 사물인터넷을 의미하는 IoT가 Internet of Things의 약어라는 사실을 알려주고 개념을 설명한 후, 이것이 당신의 회사에 큰 도움이 되리라는 것을 홍보하고 있습니다.

Tip

사물인터넷
일상 생활에서 사용하는 사물들을 유·무선 네트워크로 연결해 정보를 공유하는 환경을 의미합니다.

클라우드 서비스
각종 자료를 사용자의 PC나 스마트폰 등 내부 저장 공간이 아닌, 외부 클라우드 서버에 저장한 뒤 다운로드하는 서비스를 말합니다.

연습문제

※ [ ] 안의 단어를 활용하여 아래의 문장을 완성하시오.

1 컴퓨터 네트워크란 두 개 이상의 컴퓨터 시스템이 그룹으로 연결된 것이다. [link / group / system]

Computer networks are a (　　　　　　) of two or more computer (　　　　　　) (　　　　　　) together.

2 컴퓨터들이 지리적으로 가까이 있다. [together / geographically]

The computers are (　　　　　　) close (　　　　　　).

3 이러한 토폴로지들은 또한 복합적으로 사용될 수 있다. [also / mix]

These topologies can (　　　　　　) be (　　　　　　).

※ 아래의 글을 참조하여 질문에 답하시오.

4 What is the network designed for a town or city? (　　　　　　)

> MAN(Metropolitan Area Networks): A data network designed for a town or city.

5 How are computers on a network sometimes called as? (　　　　　　)

> Computers on a network are sometimes called nodes.

※ 다음 설명에 알맞은 용어를 영어로 적으시오.

6 The computers are farther apart and are connected by telephone lines or radio waves.

____

7 A common set of rules and signals that computers on the network use to communicate.

____

※ 다음은 네트워크 토폴로지에 대한 설명이다. 설명을 읽고 적절한 토폴로지를 적어 넣으시오.

8 All devices are connected to one another in the shape of a closed loop, so that each device is connected directly to two other devices.

____

9 All devices are connected to a central cable, called the bus or backbone. It is relatively inexpensive and easy to install for small networks.

____

10 All devices are connected to a central hub. It is relatively easy to install and manage, but bottlenecks can occur because all data must pass through the hub.

____

해답

1 (group), (systems), (linked)

2 (geographically), (together)

3 (also), (mixed)

4 MAN(대도시 지역 통신망)

5 node

6 WAN(Wide Area Network)

7 Protocol

8 Ring topology

9 Bus topology

10 Star topology

기출문제

01 *This is a search method examines each element in turn to see if it is the one sought, continuing until either the element is found of all the elements in the list have examined. What is this search?

① Binary Search
② Linear search
③ Block search
④ data control language

02 Which of the following is a language that enables users to access and manipulate data as organized by the appropriate data model?

① data manipulation language
② imperative language
③ data definition language
④ data control language

03 다음의 설명이 의미하는 것은?

> It is a single field or combination of fields that uniquely defines a database record. It is also a major key. It is mainly used when records are searched or sorted.

① Foreign Key
② Alternative Key
③ Primary Key
④ Reference Key

* This is search examines ~였으나 수정함.

04 다음 문장의 괄호 안 내용 ① ~ ⑤에 가장 적합한 항목을 넣으시오.

(①)s are data communication systems combination of computer and network. Physically, the (①)s are composed of many computers or terminals connected with communication lines. The (①)s enable users to share access to information through the various network. Some networks span the globe and others cover a relatively small area.

There are many types of (①)s, including:

- (②) (Local Area Network): The computers are geographically close together (that is, in the same building).
- WAN (Wide Area Network): The computers are farther apart and are connected by telephone lines or radio waves.
- CAN (Campus Area Networks): The computers are within a limited geographic area, such as a campus or military base.
- MAN (Metropolitan Area Networks): A data network designed for a town or city.
- HAN (Home Area Networks). A network contained within a user's home that connects a person's digital devices.

In addition to these types, the following characteristics are also used to categorize different types of networks:

- (③): The geometric arrangement of a computer system. Common (③) includes a bus, star and ring.
- (④): It defines a common set of rules and signals that computers on the network use to communicate. One of the most popular (④)s for LANs is called Ethernet. Another popular LAN (④) for PCs is the IBM token-ring network.
- architecture: Networks can be broadly classified as using either a peer-to-peer or client/server architecture.

Computers on a network are sometimes called (⑤)s. In networks, a processing location. Generally speaking a(n) (⑤) can be a computer or some other device, such as a printer. Every (⑤) has a unique network address, sometimes called a Data Link Control (DLC) address or Media Access Control (MAC) address. Computers and devices that allocate resources for a network are called servers.

05 다음 문장의 괄호 안 내용 ① ~ ⑤에 가장 적합한 항목을 넣으시오.

Transport Layer Security and its predecessor, (①), are cryptographic protocols that provide security for communications over networks such as the Internet. TLS and (①) encrypt the segments of network connections at the Transport Layer end-to-end. Several versions of the protocols are in wide-spread use in applications like web browsing, electronic mail, Internet faxing, instant messaging and voice-over-IP (VOIP).

(②) is a form of digital copy protection developed by Intel Corporation to prevent copying of digital audio and video content as it travels across DisplayPort, Digital Visual Interface (DVI). High-Definition Multimedia Interface (HDMI), Gigabit Video Interface (GVIF), or Unified Display Interface (UDI) connections. (②) does not address whether copying would be permitted by fair use laws. Implementing (②) requires a license.

(③), is a friendly name that identifies a particular 802.11 wireless LAN. A client device receives broadcast messages from all access points within range advertising their (③)s. The client device can then either manually or automatically-based on configuration-select the network with which to associate. The (③) can be up to 32 characters long. As the (③) displays to users, it normally consists of human-readable ASCII characters. However, the standard does not requires this.

(④) is a network that is constructed by using public wires to connect nodes. For example, there are a number of systems that enable you to create networks using the Internet as the medium for transporting data. These systems use encryption and other security mechanisms to ensure that only authorized users can access the network and that the data cannot be intercepted.

(⑤) is an Internet service that translates domain names into IP addresses. Because domain names are alphabetic, they're easier to remember. The Internet, however, is really based on IP address. Every time you use a domain name, therefore, a(n) (⑤) service must translate the name into the corresponding IP address.

01 ②

문제해석: 이 검색 방법은 이전에 찾던 것인지 검사한 목록에 있는 모든 요소 중에서 찾을 때까지 각각의 요소들을 순서대로 계속 조사한다.

02 ①

문제해석: 다음 중 적합한 데이터 모델로 정리된 데이터에 사용자가 접근하여 그 데이터를 조작할 수 있게 해 주는 언어는 무엇인가?

03 ③

문제해석: 데이터베이스 레코드를 고유하게 정의하는 단일 필드 또는 복합 필드이다. 그것은 또한 주된 키이기도 하다. 그것은 주로 레코드들을 검색하거나 정렬할 때 사용한다.

04 ① Computer Network ② LAN ③ Topology
④ Protocol ⑤ Node

(컴퓨터 네트워크)는 컴퓨터와 네트워크가 결합된 데이터 통신 시스템이다. 물리적으로 (컴퓨터 네트워크)는 통신 선로로 연결된 많은 컴퓨터의 터미널로 구성되어 있다. (컴퓨터 네트워크)는 다양한 네트워크를 통해 사용자들이 정보에 접근하는 것을 공유할 수 있게 한다. 일부 네트워크는 전 세계에 걸쳐 있고, 일부 네트워크는 비교적 좁은 지역에 걸쳐 있다.

(컴퓨터 네트워크)는 다음과 같이 여러 가지 종류가 있다.
- (LAN): 컴퓨터들이 지리적으로 가까이 있다(같은 건물 내에 있다).
- WAN: 컴퓨터들이 서로 멀리 떨어져 있으며, 전화선이나 라디오파를 통해 연결된다.
- CAN: 컴퓨터들이 대학 캠퍼스 또는 군사 기지 같은 제한된 지리적 지역 안에 있다.
- MAN: 마을이나 도시를 위해 설계된 데이터 네트워크이다.
- HAN: 사용자의 디지털 장치와 연결되어 사용자의 집안에 포함되어 있는 네트워크이다.

이러한 종류 외에 다음과 같은 특징으로 서로 다른 종류의 네트워크를 분류할 수 있다.
- (토폴로지): 컴퓨터 시스템의 기하학적인 배치. 일반적인 토폴로지에는 버스, 스타(별 모양), 링이 있다.
- (프로토콜): 프로토콜은 네트워크에서 컴퓨터들이 통신할 때 쓰는 공통적인 규칙과 신호 집합을 정의한 것이다. 근거리 통신망(LAN)에서 사용하는 가장 유명한 (프로토콜) 중 하나가 이더넷이라고 불린다. PC를 위한 또 다른 유명한 근거리 통신망 (프로토콜)로는 IBM의 토큰링 네트워크가 있다.
- 구조: 네트워크는 피어투피어나 클라이언트/서버 구조를 이용한 것으로 분류할 수 있다.

네트워크상의 컴퓨터는 (노드)라고도 한다. 네트워크에서는 처리하는 위치이다. 일반적으로 (노드)는 컴퓨터나 프린터와 같은 다른 장치들이 될 수 있다. 모든 (노드)는 특별한 네트워크 주소를 가지고 있는데, 이를 흔히 데이터 링크 제어 주소, 혹은 매체 접근 제어 주소라고 한다. 네트워크를 위해 자원을 할당하는 컴퓨터와 장비를 서버라고 한다.

05 ① SSL ② HDCP ③ SSID
④ VPN ⑤ DNS

전송 계층 보안과 그 후속물인 (SSL)은 인터넷과 같은 네트워크상에서 통신할 때 보안을 지원해 주는 암호화된 프로토콜이다. TLS와 (SSL)은 전송 계층 종단 간 네트워크 연결의 세그먼트들을 암호화한다. 다양한 버전의 프로토콜들이 웹 브라우징, 이메일, 인터넷 팩스, 인스턴트 메시징, 인터넷 전화(VoIP)와 같은 응용 프로그램들에서 광범위하게 사용된다.

(HDCP)는 디지털 오디오와 비디오 콘텐츠가 DisplayPort, DVI, HDMI, GVIF, UDI 연결을 통해 이동할 때 복제를 방지하고자 인텔에서 개발한 디지털 저작권 보호 형식이다. (HDCP)는 공정 사용 법률에 의하여 복제가 허용될 수 있는지 여부를 설명해 주지는 않는다. (HDCP)를 구현하려면 라이선스가 필요하다.

(SSID)는 802.11 무선 랜을 구분하는 친근한 이름이다. 클라이언트 장치는 자신의 (SSID)를 알리는 통신 범위 내의 모든 접속점으로부터 브로드캐스트 메시지를 받는다. 이때 클라이언트 장치는 구성 형태를 토대로 수동 혹은 자동으로 연결할 네트워크를 선택한다. (SSID)는 최대 32개의 문자를 가질 수 있다. (SSID)가 사용자들에게 보일 때는 사람이 읽을 수 있는 아스키 문자들로 이루어진다. 그러나 표준은 이런 방식을 따르지는 않는다.

(VPN)은 노드에 연결하기 위해 공공 회선을 사용하여 구성되는 망이다. 예를 들어 데이터를 전송하기 위한 매체로 인터넷을 사용하는 망을 생성해 주는 시스템이 많이 있다. 이러한 시스템은 승인된 사용자만 해당 망에 접근하도록 하고 데이터를 가로챌 수 없도록 하기 위하여 암호화 및 여타 보안 메커니즘을 사용한다.

(DNS)는 도메인명을 IP 주소로 바꾸는 인터넷 서비스이다. 도메인명은 문자로 구성되어 있기 때문에 기억하기 쉽다. 그러나 인터넷은 사실 IP 주소에 기반하고 있다. 따라서 도메인명을 사용할 때마다, (DNS) 서비스가 도메인명을 이에 상응하는 IP 주소로 변환하여야 한다.

Chapter

05

Internet

Section **01** Internet and TCP/IP
Section **02** WWW and Internet Service
Section **03** Computer Security
Section **04** ARPANET
Section **05** Self Check
Section **06** Practical English

Intro

Internet is spelled as Internet or INTERNET to distinguish from the internet, the abbreviation of the internetwork, meaning a set of network connecting among communication networks. It has been growing from LANs connecting small-sized communication networks to the global-sized set. We'll learn the related protocols such as TCP/IP, and the services such as www, ftp, and telnet in this chapter.

인터넷은 통신망들을 연동해 놓은 망의 집합을 의미하는 인터네트워크(internetwork)의 약어인 internet과 구별하기 위해 Internet 또는 INTERNET으로 표기한다. 인터넷은 소규모 통신망들을 연결한 근거리 통신망에서 발전하여, 현재는 전 세계를 망라하는 거대한 통신망의 집합체가 되었다. 이 장에서는 이것과 관련된 TCP/IP 같은 프로토콜과 웹(월드 와이드 웹, WWW), FTP, 텔넷 같은 서비스를 공부할 것이다.

Section 01

Internet and TCP/IP 인터넷과 TCP/IP

— 01 — Internet 인터넷

Internet is a global network connecting millions of computers. More than 100 countries are linked into exchanges of data, news and opinions.

Unlike online services, which are centrally controlled, the Internet is decentralized by design. Each Internet computer, called a host, is independent.

Its operators can choose which Internet services to use and which local services to make available to the global Internet community. Remarkably, this anarchy by design works exceedingly well.

There are a variety of ways to access the Internet. Most online services offer access to some Internet services. It is also possible to gain access through a commercial Internet Service Provider (ISP).

인터넷은 컴퓨터 수백만 개를 연결한 전 세계적인 네트워크이다. 백여 개의 나라가 데이터, 뉴스, 의견을 교환할 수 있게 연결되어 있다.

중앙에서 제어되는 방식인 온라인 서비스와 달리, 인터넷은 계획적으로 분산되어 있다. 호스트라고 불리는 각각의 인터넷(으로 연결된) 컴퓨터는 독립적이다.

컴퓨터 운영자는 어느 인터넷 서비스를 사용할지, 어떤 로컬 서비스를 인터넷 영역에서 사용할 수 있도록 할지 선택할 수 있다. 놀랍게도 이러한 의도적인 무정부주의는 매우 훌륭히 수행된다.

인터넷에 접근하는 방법은 다양하다. 대부분의 온라인 서비스는 몇 가지 인터넷 서비스에 대한 접근성을 제공한다. 물론 상업적인 인터넷 접속 서비스(ISP)를 통해서도 접근이 가능하다.

Words

- global 전 세계의
- connect 연결하다
- millions of 수백만의
- exchange 교환
- opinion 의견
- centrally 중심으로
- decentralize 분산시키다
- independent 독립된
- operator 운영자
- available 사용할 수 있는
- remarkably 놀랍게도, 훌륭하게도
- anarchy 무정부 상태
- by design 계획적으로, 고의로
- exceedingly 대단히, 매우
- a variety of 여러 가지의
- gain 얻다, 획득하다
- access 접근
- commercial 상업의, 상업적인
- Internet Service Provider(ISP) 인터넷 접속 서비스

02 TCP/IP

TCP/IP, abbreviation for Transmission Control Protocol/Internet Protocol, is the suite of communications protocols used to connect hosts on the Internet. TCP/IP uses several protocols, the two main ones being TCP and IP. TCP/IP is built into the UNIX operating system and is used by the Internet. Even network operating systems that have their own protocols, such as Netware, also support TCP/IP.

전송 제어 프로토콜/인터넷 프로토콜의 약어인 TCP/IP는 통신 프로토콜 묶음으로 인터넷의 호스트들을 연결한다. TCP/IP는 여러 가지 프로토콜을 사용하는데 주요한 두 가지는 TCP와 IP다. TCP/IP는 유닉스 운영체제에 내장되어 있으며 인터넷에 의해 사용된다. 심지어 넷웨어(Netware)와 같은 자체의 프로토콜을 가지고 있는 네트워크 운영체제들도 TCP/IP를 지원한다.

Words

- TCP/IP 전송 제어 프로토콜/인터넷 프로토콜
- abbreviation 약어
- suite (관련 프로그램들의) 묶음
- communication protocol 통신 프로토콜
- several 여러 가지, 몇 개
- main 주요한
- be built into ~에 내장되어 있다
- network operating system 네트워크 운영체제
- support 지원하다

Section 02

WWW and Internet Service WWW와 인터넷 서비스

01 WWW

WWW is a system of Internet servers that support specially formatted documents. The documents are formatted in a markup language called HTML (HyperText Markup Language) that supports links to other documents, as well as graphics, audio, and video files. This means you can jump from one document to another simply by clicking on hot spots. Not all Internet servers are part of the World Wide Web.

There are several applications called Web browsers that make it easy to access the World Wide Web; Two of the most popular being Google's Chrome and Microsoft's Internet Explorer.

WWW는 특별히 형식화된 문서를 지원해 주는 인터넷 서버 시스템이다. 이러한 문서는 다른 문서뿐만 아니라 그림, 오디오, 비디오 파일들에 대한 링크를 지원해 주는 HTML이라고 하는 마크업 언어로 형식화되어 있다. 이것은 단지 핫 스폿을 클릭하면 한 문서에서 다른 문서로 옮겨 다닐 수 있다는 것을 의미한다. 모든 인터넷 서버가 월드 와이드 웹의 영역인 것은 아니다.

월드 와이드 웹에 쉽게 접근할 수 있게 해 주는, 웹브라우저라고 불리는 몇 가지 응용 프로그램이 있는데, 그중 가장 인기 있는 두 가지는 구글의 크롬과 마이크로소프트의 인터넷 익스플로러이다.

Words

- **specially** 특별히
- **formatted** 형식화된, 틀이 잡힌
- **simply** 단지, 단순히
- **hot spot** (마우스 클릭으로 실행시키는) 핫 스폿

02 Internet Service 인터넷 서비스

The services those can be used in the Internet are e-mail, telnet, ftp, WWW and so on. The new services such as real-time broadcasting service or video conferencing using motion pictures or voice data are developed to be used. The Internet is called as a sea of information because of the such various services and rich informational resources.

인터넷에서 이용할 수 있는 서비스에는 이메일, 텔넷, FTP, WWW 등이 있다. 실시간 방송 서비스, 혹은 동영상이나 음성 데이터를 이용한 화상 회의 등과 같은 새로운 서비스가 사용 가능하도록 개발되었다. 이러한 다양한 서비스와 풍부한 정보 자원 때문에 인터넷을 정보의 바다라고 한다.

Words

- e-mail 이메일
- real-time 실시간
- broadcasting 방송
- video conferencing 화상 회의
- motion picture 동영상
- develop 발전시키다
- information 정보
- various 다양한
- resource 자원

03 E-mail 이메일

E-mail, short for electronic mail, is the transmission of messages over communications networks. The messages can be notes entered from the keyboard or electronic files stored on disk. Most mainframes, minicomputers, and computer networks have an e-mail system. Some electronic-mail systems are confined to a single computer system or network, but others have gateways to other computer systems, enabling users to send electronic mail anywhere in the world. Companies that are fully computerized make extensive use of e-mail because it is fast, flexible, and reliable.

전자우편의 약어인 이메일은 통신 네트워크를 통해 메시지를 전송하는 것이다. 메시지는 키보드로 입력된 정보나 디스크에 저장된 전자 파일일 수 있다. 대부분의 메인프레임, 미니컴퓨터, 그리고 컴퓨터 네트워크는 이메일 시스템을 가지고 있다. 몇몇 이메일 시스템은 단일 컴퓨터 시스템이나 네트워크로 제한되지만, 다른 것들은 사용자들이 세계의 어느 곳으로나 이메일을 전송할 수 있도록 다른 컴퓨터 시스템으로 가는 게이트웨이를 가지고 있다. 완전히 전산화된 회사들은 그것(이메일 시스템)이 빠르고 유연하며 신뢰할 수 있기 때문에 이메일을 폭넓게 사용한다.

Words

- **short for** ~의 약어인
- **electronic mail** 전자우편
- **message** 메시지
- **note** 정보, 지식
- **store** 저장하다
- **confine** 제한하다
- **gateway** 서로 다른 컴퓨터 네트워크나 데이터 통신 네트워크 따위를 서로 접속하기 위한 장치
- **enabling** 가능하게 하는
- **anywhere** 어디에나
- **companies** 회사(company)의 복수형
- **computerized** 전산화된
- **extensive** 폭넓게
- **flexible** 유연한
- **reliable** 신뢰할 수 있는

04 Telnet 텔넷

Telnet is a terminal emulation program for TCP/IP networks such as the Internet. The Telnet program runs on your computer and connects your PC to a server on the network. You can then enter commands through the Telnet program and they will be executed as if you were entering them directly on the server console. This enables you to control the server and communicate with other servers on the network. To start a Telnet session, you must log in to a server by entering a valid username and password. Telnet is a common way to remotely control Web servers.

텔넷은 인터넷과 같은 TCP/IP 네트워크를 위한 터미널 에뮬레이션 프로그램이다. 이 텔넷 프로그램은 컴퓨터에서 실행되며 PC와 네트워크의 서버를 연결한다. 그 다음에 텔넷 프로그램을 통하여 명령어를 입력하면 서버 콘솔에서 직접 명령어를 입력하고 있는 것처럼 명령이 실행될 수 있다. 사용자는 서버를 제어할 수 있으며, 네트워크상에서 다른 서버와 통신할 수 있다. 텔넷 세션을 시작하기 위해서는 반드시 유효한 사용자명과 암호를 입력해 서버에 로그인해야 한다. 텔넷은 웹서버를 원격으로 제어하는 일반적인 방법이다.

Words

- run 실행하다, 작동하다
- execute 실행하다
- directly 직접
- valid 유효한
- username 사용자명, 아이디
- password 암호
- common 일반적인
- remotely 원격으로

05 FTP

FTP, short for File Transfer Protocol, is the protocol for exchanging files over the Internet. FTP works in the same way as HTTP and SMTP. HTTP is for transferring Web pages from a server to a user's browser. And, SMTP is for transferring electronic mail across the Internet. Like these technologies, FTP uses the Internet's TCP/IP protocols to enable data transfer.

File Transfer Protocol(파일 전송 프로토콜)의 약어인 FTP는 인터넷상에서 파일을 교환하는 프로토콜이다. FTP는 HTTP나 SMTP와 같은 방식으로 작동한다. HTTP는 서버로부터 사용자의 브라우저로 웹 페이지를 전송하기 위한 것이다. 그리고 SMTP는 인터넷을 통해 이메일을 전송하기 위한 것이다. 이러한 기술들과 같이 FTP는 데이터 전송이 가능하도록 인터넷의 TCP/IP 프로토콜을 사용한다.

Words

- exchange 교환하다
- the same way 같은 방식
- transfer 전송하다
- SMTP(Simple Mail Transfer Protocol) 이메일을 발송할 때 필요한 표준 프로토콜
- across 가로 질러서
- technology 기술

06 SNS

Facebook

Facebook is a popular free social networking website that allows registered users to create profiles, upload photos and video, send messages and keep in touch with friends, family and colleagues. The site, which is available in 37 different languages, includes public features such as:

- Marketplace: allows members to post, read and respond to classified ads.
- Groups: allows members who have common interests to find each other and interact.
- Events: allows members to publicize an event, invite guests and track who plans to attend.
- Pages: allows members to create and promote a public page built around a specific topic.

Twitter

Twitter is a free social networking microblogging service that allows registered members to broadcast short posts called tweets. Twitter members can broadcast tweets and follow other users' tweets by using multiple platforms and devices. Tweets and replies to tweets can be sent by cell phone text message, desktop client or by posting at the Twitter.com website.

페이스북

페이스북은 유명한 무료 소셜 연결망 웹사이트로, 여기에 가입한 사용자들은 프로필을 생성하고 사진과 비디오를 업로드하고 메시지를 전송하고 친구, 가족, 동료들과 연락할 수 있다. 37개의 언어로 이용할 수 있으며 다음과 같은 공개적인 기능을 포함하고 있다.

- 마켓플레이스: 멤버들이 항목별 광고를 게시하고, 읽고 응답할 수 있도록 함.
- 그룹: 공통의 관심사를 가지고 있는 멤버들이 서로를 찾아서 소통할 수 있도록 함.
- 이벤트: 멤버들이 이벤트를 선전하고, 손님을 초대하고 참석하고자 하는 이를 추적할 수 있도록 함.
- 페이지: 멤버들이 특정한 주제를 중심으로 만들어진 공개적인 페이지를 생성하고 장려하도록 함.

트위터

트위터는 가입한 멤버들이 트윗이라는 짧은 게시물을 전송할 수 있도록 하는 무료 소셜 연결망 마이크로 블로깅 서비스이다. 트위터 멤버들은 다양한 플랫폼과 장치를 사용하여 트윗을 전송하고 다른 사용자들의 트윗을 따라갈 수 있다. 트윗과 트윗에 대한 응답은 휴대폰의 문자 메시지나 데스크톱으로 전송하거나 Twitter.com 웹사이트에서 게시하는 방법으로 전송할 수 있다.

Words

- allow 허락하다, 허가하다
- register 기록하다, 등록하다
- keep in touch 연락하다
- colleague 동료, 동업자
- available 이용할 수 있는, 쓸모 있는
- feature 기능, 특징
- publicize 선전하다, 광고하다
- promote 장려하다, 진전시키다
- specific 특정한, 특유한
- built around ~을 중심으로 만들어진
- broadcast 방송하다, 흩뿌리다
- reply 응답, 회신
- send 보내다, 발송하다
- text message 문자 메시지
- post 게시하다

Section 03

Computer Security 컴퓨터 보안

— 01 — Computer Security 컴퓨터 보안

Computer security is a branch of technology known as information security as applied to computers. The objective of computer security can include protection of information from theft or corruption, or the preservation of availability, as defined in the security policy.

컴퓨터 보안은 컴퓨터에 적용되는 정보 보안이라는 기술에서 분기한 것이다. 컴퓨터 보안의 목적은 절도 또는 손상으로부터의 정보 보호 또는 보안 정책에서 정의된 가용성 보존을 포함할 수 있다.

Words

- information security 정보 보안
- objective 목적, 목표
- protection 보호, 보안
- theft 절도
- corruption 손상
- preservation 보존
- availability 가용성
- define 정의하다
- security policy 보안 정책

— 02 — Security Threat 보안 위협

Threats to security include:

- Viruses: Computer programs written by devious programmers and designed to replicate themselves and infect computers when triggered by a specific event
- Trojan horse programs: Delivery vehicles for destructive code, which appear to be

harmless or useful software programs such as games

- Vandals: Software applications or applets that cause destruction
- Data interception: Involves eavesdropping on communications or altering data packets being transmitted
- Social engineering: Obtaining confidential network security information through nontechnical means, such as posing as a technical support person and asking for people's passwords
- phishing: To try to obtain financial or other confidential information from Internet users, typically by sending an e-mail that looks as if it is from a legitimate organization, contains a link to a fake website that replicates the real one.
- Cookie: A HTTP header that consists of text-only data commonly contains the domain, path, lifetime, and value of a variable that you set. If the lifetime of this variable is longer than the time the user spends at your site, then this string is saved to file for future reference.

네트워크 보안의 위협은 다음과 같다.

- 바이러스: 불순한 의도를 가진 프로그래머가 특정 사건이 발생하면 컴퓨터를 감염시키고 자신을 복제하도록 제작한 컴퓨터 프로그램
- 트로이목마 프로그램: 게임과 같이 무해하고 유용한 소프트웨어로 보이지만 파괴적인 코드를 전달하는 매개체
- 파괴자: 파괴를 유발하는 소프트웨어 응용 프로그램이나 애플릿
- 데이터 가로채기: 통신을 도청하거나 전송되는 데이터 패킷을 변경하는 것과 관련
- 사회 공학: 기술 제공자로 가장하여 사람들의 암호를 물어보는 것과 같이 기밀의 네트워크 보안 정보를 비기술적인 방법으로 얻어내기
- 피싱: 전형적으로 합법적인 조직으로부터 받은 것처럼 보이는 진짜를 복제한 가짜 웹사이트의 연결을 포함하는 이메일을 전송함으로써 인터넷 사용자로부터 재정상의 또는 기밀의 정보를 얻기 위한 시도
- 쿠키: 당신이 지정한 도메인, 경로, 유효기간, 변수의 값들을 가지고 있는 문자 데이터로 구성된 HTTP의 헤더. 만약 이 변수의 유효기간이 사용자가 당신의 사이트에서 보내는 시간보다 길면, 이 문자열은 향후에 참조할 수 있도록 파일에 저장된다.

Words

- devious 불순한 의도를 가진
- replicate 복제하다
- infect ~에 감염시키다
- trigger 촉발시키다
- destructive 파괴적인
- destruction 파괴
- eavesdrop on ~을 엿듣다
- alter 바꾸다, 변경하다
- transmit 전송하다
- confidential 기밀의
- nontechnical 비기술적인
- pose as ~인 체하다
- obtain 얻다, 획득하다
- legitimate 합법의
- fake 가짜의, 위조의
- replicate 복제하다
- lifetime 유효기간
- variable (수학, 컴퓨터) 변수
- string 문자열
- reference 참조

03 Security Tool 보안 툴

Security tools include:

- Antivirus software packages: These packages counter most virus threats if regularly updated and correctly maintained.
- Virtual Private Networks (VPN): These networks provide access control and data encryption between two different computers on a network. They allow remote workers to connect to the network without the risk of hackers or thieves intercepting data
- Encryption: Encryption ensures that messages cannot be intercepted or read by anyone other than the authorized recipient.

None of these approaches alone will be sufficient to protect a network but when they are layered together, they can be highly effective in keeping a network safe from attacks and other threats to security. In addition, well-thought-out corporate policies are critical to determine and control access to various parts of the network.

네트워크 보안 툴은 다음과 같다.

- 안티바이러스 소프트웨어 패키지: 정기적으로 갱신하고 올바르게 유지한다면 이 패키지들로 대부분의 바이러스 위협에 대응이 가능하다.
- 가상 사설망: 이 네트워크는 네트워크상의 서로 다른 컴퓨터 사이의 접근 통제와 데이터 암호화를 제공한다. 먼 곳에 있는 직원이 해커나 데이터를 가로채는 도둑의 위협 없이 네트워크에 연결할 수 있다.

• 암호화: 암호화는 공인된 수신자를 제외한 다른 어떤 사람도 메시지를 가로채거나 읽을 수 없도록 보장한다.

위의 어떤 접근 방법도 단독으로는 네트워크를 방어하기에 충분하지 않다. 그러나 각 방법들을 복합적으로 활용한다면 보안에 대한 공격과 위협으로부터 매우 효과적으로 네트워크를 안전하게 지킬 수 있을 것이다. 또한 면밀한 사내 보안 정책은 네트워크상의 다양한 부분에 대한 접근 권한을 결정하고 제어하는 데 중요한 역할을 한다.

Words

- counter ~에 대응하다, 반격하다
- most 대부분(의)
- regularly 정기적으로
- correctly 올바르게
- access control 접근 통제
- data encryption 데이터 암호화
- ensure 보장하다
- intercept 가로채다
- authorized 공인된
- recipient 수신자
- sufficient 충분한
- keep A from B B로부터 A를 지키다
- threat 위협
- well-thought-out 면밀한
- policy 정책, 방침
- critical 중요한

Section 04 ARPANET 알파넷

ARPANET was a packet-switching network developed in the early 1970s. ARPANET was funded by ARPA (Advanced Research Projects Agency), which later became DARPA (Defense Advanced Research Projects Agency). The ARPANET network linked defense facilities, government research laboratories, and university sites. It evolved into the backbone of the Internet, and the term "ARPANET" was officially retired in 1990. However, MILNET (military network) was spun off from ARPANET in 1983. In addition, ARPANET introduced the most important protocol suites available today, TCP/IP (Transmission Control Protocol/Internet Protocol). TCP/IP is a set of communications procedures and standards that provide a basis for interconnecting dissimilar computers.

DARPA was interested in interlinking the many different computer systems that were spread out across the country as part of the nation's research and development effort. DARPA's goal was to create a set of nonproprietary communications protocols that would make it easy to connect many different computers together. Much of the original work was done at the Massachusetts Institute of Technology and with the help of companies such as BBN. In 1980, the first TCP/IP modules were installed.

One of the most important aspects of TCP/IP's development was the program of testing and certification carried out by the government to ensure that developers met published TCP/IP standards, which were (and still are) available to the public free of licensing arrangements. This ensured that developers did not alter the standard to fit their own needs and possibly cause confusion in the rest of the TCP/IP community. Today, the use of TCP/IP protocols virtually assures interconnection among systems that use it for communications.

알파넷은 1970년대 초에 개발된 패킷-스위칭 네트워크의 하나였다. 알파넷은 이후에 달파(국방 고등 연구 기획청)가 된 알파(고등 연구 계획국)에 의해 지원받았다. 알파넷 망은 군사 기지, 정부 연구소와 대학교 사이트들을 연결했다. 그것은 인터넷의 백본으로 진화하였고 알파넷이라는 용어는 1990년에 공식적으로 사라졌다. 그러나 밀넷(국방 네트워크)이 1983년에 알파넷으로부터 분리 신설되었다. 게다가 알파넷은 TCP/IP라는 요즘 쓰이는 가장 중요한 프로토콜 묶음을 소개하였다. TCP/IP는 상이한 컴퓨터들을 상호 연결하기 위한 기초를 제공하는 통신 절차와 표준의 집합이다.

달파는 국가적인 연구 개발 활동의 일환으로 나라 전체에 퍼져 있는 여러 가지 다른 컴퓨터 시스템들을 서로 연결하는 데 관심이 있었다. 달파의 목표는 많은 컴퓨터를 쉽게 같이 연결할 수 있도록 하는 일련의 비독점적인 통신 프로토콜을 생성하는 것이었다. 초기 대부분의 작업은 MIT에서 BBN과 같은 회사들의 도움으로 추진되었다. 1980년에는 최초의 TCP/IP 모듈이 설치되었다.

TCP/IP 개발에서 가장 중요한 측면 가운데 하나는 개발자들이 라이센싱 협의 없이 쓸 수 있는 대중에 공개된 TCP/IP 표준을 제대로 따르는지 테스트하고 인증하는 프로그램을 정부에서 수행한 것이었다. 그런 프로그램이 있었기 때문에 개발자들이 각자의 필요에 따라 표준을 마구 변경하지 않는다는 것을 확인할 수 있었고, TCP/IP 커뮤니티에 혼란이 생기는 일을 방지할 수 있었다. 요즘은 TCP/IP 프로토콜을 사용하면 사실상 같은 프로토콜을 써서 통신하는 시스템 사이에서의 상호 연결이 거의 확실하게 보장된다.

Words

- fund 투자하다
- defense facility 군사 기지
- government research laboratory 정부 연구소
- evolve into ~으로 진화하다
- officially 공식적으로
- spun spin(돌리다)의 과거분사형
- be spun off 분리 신설되다
- suite 묶음
- retired 사라지는, 은퇴한
- introduce 소개하다
- set 집합
- procedure 절차
- provide 제공하다
- basis 기초
- interconnecting 상호 연결
- dissimilar 다른, 상이한
- a set of 일련의
- interlink 연결하다
- spread out 퍼져 있다
- across the country 나라 전체에
- research 연구
- development 개발
- effort 노력, 활동
- nonproprietary 비독점적인
- install 설치하다
- important 중요한
- aspect 측면
- carry out 수행하다
- ensure 확실하게 하다, 보장하다
- alter 변경하다
- community 커뮤니티, 사회, 공동체
- assure 보장하다

Section 05

Self Check

The Internet protocols are the world's most popular open-system (nonproprietary) protocol suite because they can be used to communicate across any set of interconnected networks and are equally well suited for LAN and WAN communications. The Internet protocols consist of a suite of communication protocols, of which the two best known are the Transmission Control Protocol (TCP) and the Internet Protocol (IP). The Internet protocol suite not only includes lower-layer protocols (such as TCP and IP), but it also specifies common applications such as electronic mail, terminal emulation, and file transfer.

Words

- popular 인기 있는
- nonproprietary 비독점적인
- interconnected 상호 연결된
- equally 동등하게
- suited for ~에 적합한, 적당한
- consist of ~로 구성되어 있다
- include 포함하다
- specify 명시하다

Documentation of the Internet protocols (including new or revised protocols) and policies are specified in technical reports called Request For Comments (RFC), which are published and then reviewed and analyzed by the Internet community. Protocol refinements are published in the new RFC.

Words

- documentation 증서 교부, 문서 제시
- policy 정책, 방침
- analyze 분석하다
- refinement 정련, 정화
- publish 발표하다, 공포하다

Section 06 Practical English

01

"Yes, I copied off Norman's paper.
Is it my fault if information security is lax around here?"

"예, 제가 노먼의 시험 답안을 베꼈어요.
이곳의 정보 보안이 느슨한 것이 제 잘못인가요?"

Words

- copy off 베끼다, 복사하다
- paper 시험 답안, 시험지
- fault 잘못, 과실, 책임
- information security 정보 보안
- lax 느슨한, 해이한

문장 해설

첫 번째 문장의 주어와 서술어는 각각 I와 copied off입니다. 따라서 골격은 '나는 베꼈다'입니다. 목적어는 '노먼의 시험 답안(Norman's paper)'으로 paper는 논문, 시험지, 시험 답안, 숙제 등 여러 가지 의미가 있습니다. 이 문장에서는 시험 답안의 뜻이 가장 적합하므로 '예, 제가 노먼의 시험 답안을 베꼈어요'로 해석합니다.

두 번째 문장에서 주어는 무엇일까요? 문장에 물음표(?)가 있는 것을 보니 의문문입니다. 따라서 주어와 서술어의 순서가 바뀌었다는 것을 알아차려야 합니다. 주어는 it이고 서술어는 Is입니다. 첫 부분은 '그것은 나의 잘못입니까?'로 해석합니다. 그 잘못(fault)이 무엇인지는 if 이하 절에 나타나 있습니다. '이곳의 정보 보안이 느슨한 것'이라고 해석하고, 앞 문장과 합치면 '이곳의 정보 보안이 느슨한 것이 제 잘못인가요?'가 됩니다.

응용 문장

본문의 문장을 활용하여 새로운 문장을 만들어 봅시다.

Is it my fault if my son is fatter than other kids?
내 아들이 다른 아이들보다 뚱뚱한 것이 내 잘못인가요?

02

www.glasbergen.com

"I get to the office around 8:45, pour myself a cup of coffee, turn on my computer, delete all the spam, and then it's time to go home."

"8시 45분쯤에 사무실에 도착해서 커피 한 잔을 마시고 컴퓨터를 켜서 모든 스팸 메일을 지우고 나면 집에 올 시간이야."

Words

- get to 도착하다, 다다르다
- around 쯤, 약
- pour (마실 것 등을) 붓다, 따르다
- turn on 켜다
- delete 지우다, 삭제하다
- spam 스팸 메일

문장 해설

문장이 길지만 문장 형식은 매우 간단합니다. 주어가 I이고 나머지 부분은 모두 주어가 활동한 내용을 담은 서술어를 나열한 것입니다. 이것은 모두 쉼표(comma)로 연결되어 있고, 접속사는 마지막에 있는 and를 따릅니다.

가장 먼저 get이 나오는데 대표적으로는 '얻다(obtain)'의 의미가 있습니다. 영어권에서는 get을 매우 즐겨 사용하는데, 그만큼 다양한 의미를 갖고 있기 때문입니다. 위의 문장에서는 '도착하다

(arrive)'는 의미로 사용하고 있습니다. get to (장소)는 '어느 장소에 도착하다'로 해석합니다.

pour myself a cup of coffee는 '커피를 마시다'로 해석했습니다. 쉽게 떠올릴 수 있는 '마시다'에 해당하는 대표적인 단어는 drink입니다. 그런데 여기서는 왜 pour를 사용했을까요? 의미상 차이가 있을까요? 우리말로 풀어 보면 pour는 '쏟아붓는다'라는 의미입니다. 따라서 커피를 천천히 마시는 것이 아니라 '쏟아붓듯이 빨리 마시다'라는 뜻으로 쓰였습니다.

delete all my spam은 컴퓨터에 저장되어 있는 '모든 스팸 메일을 삭제했다'로 해석합니다.

응용 문장

'컴퓨터를 켠다'처럼 전기용품 등을 켤 때는 보통 turn on을 사용합니다. 예를 들어 보겠습니다.

Turn on the light!
불을 켜라!

Turn on my computer!
내 컴퓨터를 켜라!

그렇다면 끌 때는 어떻게 말할까요? turn off라고 하면 되겠죠?

Turn off the light!
불을 꺼!

Turn off my computer!
내 컴퓨터를 꺼!

It's time to ~는 자주 사용하는 영어 표현으로 '~할 시간이다'로 해석합니다. 다음의 예를 통해 확실히 익혀 봅시다.

It's time to have lunch.
점심 먹을 시간이다.

It's time to go home.
집에 갈 시간이야.

03

www.glasbergen.com

"Sorry about the odor.
I have all my passwords tattooed between my toes."

"냄새 나게 해서 미안해.
내 발가락 사이에 모든 암호를 문신했거든."

Words

- odor 냄새, 악취
- password 암호
- tattoo 문신하다
- toe 발가락

문장 해설

앞의 문장에서 Sorry about ~은 '~에 대해서 미안해'로 역시 자주 사용하는 표현입니다. 따라서 이 문장은 '냄새에 대해서 미안해'가 되므로 '냄새 나게 해서 미안해'로 해석합니다.

뒤 문장의 주어는 I이고 서술어는 have이므로 기본 골격은 '나는 가지고 있다'입니다. all my passwords는 목적어로 '내 모든 암호를'이라고 해석합니다. 그런데 다음 단어가 특이합니다. tattooed부터 먼저 살펴보면 tattoo(문신하다)의 과거분사입니다. 이 단어는 앞의 '암호(passwords)'를 수식합니다. 즉 '나는 나의 모든 암호를 문신한 형태로 가지고 있다'는 의미입니다. between my toes는 '내 발가락 사이에'라고 해석합니다.

삽화 속의 남자는 보안에 대해 해박한 지식을 가진 사람일 수 있습니다. 이것이 바로 보안에서 이야기하는 풋프린팅(footprinting)일 수 있기 때문입니다. 단어의 의미는 발자국이지만 해킹에서 공격 대상의 정보를 모으는 방법 중의 하나로 쓰입니다. 사회 공학적인 개념을 이용하여 예를 들면, 암호 등을 수첩이나 컴퓨터 옆에 적어 놨을 때 이를 통해 정보를 모으는 방법을 말합니다.

응용 문장

다음은 본문의 문장을 활용한 예문입니다.

I have all my cheat sheets located between my fingers.
나는 내 모든 커닝 쪽지를 손가락 사이에 끼워 놓았다.

I have all my computer books donated to the library.
나는 내 모든 컴퓨터 책을 도서관에 기증하였다.

04

www.glasbergen.com

"The identity I stole was a fake!
Boy, you just can't trust people these days!"

"내가 훔친 신원(정보)이 모두 가짜였어!
이런, 요즘 믿을 사람이 없어!"

Words

- **identity** 신원
- **stole** steal(훔치다)의 과거형
- **fake** 가짜
- **boy** (구어) 이런, 참
- **trust** 믿다, 신뢰하다

문장 해설

문장에서 동사인 stole과 was가 연이어 나옵니다. 어느 것이 서술어일까요? 또 어디까지가 주어일까요? 첫 번째 문장의 서술어는 was로 보아야 할 것입니다. 그러면 주어는 The identity I stole이 되겠지요. 즉 내가 훔친 신원(정보)이 주어이며 그것이 가짜였다는 의미의 문장입니다.

그리고 두 번째 문장에서 Boy는 '소년아'라고 누굴 부른다기보다, 혼잣말로 '이런'과 같이 신세 한탄의 의미로 해석하면 됩니다.

05

www.glasbergen.com

"우리의 지역신문이 인터넷으로 전환되고 있어. 너 굉장히 기쁘겠구나."

"신문이 뭐죠?"

Words

- local 지역, 지방
- newspaper 신문
- move to 전환하다, 옮겨가다
- pretty 굉장히, 매우

문장 해설

여러분이 보시는 바와 같이 주어는 Our local newspaper이며 서술어는 is moving입니다. 즉 '우리의 지역신문이 ~로 움직이고 있다'로 직역할 수 있습니다. 신문이 인터넷으로 움직이고 있다는 의미는 오프라인의 신문이 온라인인 인터넷으로 전환되고 있다는 의미입니다. 부자간 대화 내용을 보면 아들은 인터넷은 잘 아는데 신문은 뭔지 모르는 눈치입니다.

06

www.glasbergen.com

"I know this is the Digital Age, but do we really want to paper train our dog on an electronic newspaper?"

"나도 지금이 디지털 시대라는 것은 알겠는데,
정말 우리 개를 전자 신문에서 페이퍼 트레인을 시켜야겠어?"

Words

- Digital Age 디지털 시대
- really 정말, 참으로
- paper train 페이퍼 트레인(개 등을 종이에 배변하도록 길들이는 것)
- electronic newspaper 전자 신문

문장 해설

페이퍼 트레인(paper train)이란 서양에서 개와 같은 애완동물들이 아무데서나 배변을 보지 못하도록 훈련하는 것을 말합니다. 보통 신문지를 깔아 놓고 강아지에게 용변을 보도록 훈련합니다. 그런데 삽화에는 신문지는 없고 컴퓨터가 있습니다. 즉 디지털 시대를 맞이하여 기존 신문이 아닌 전자 신문 위에 용변을 보는 첨단 개로 훈련시키자는 내용입니다.

07

www.glasbergen.com

피노키오가 온라인에서 여자들과 이야기할 때

Words

- Pinocchio 피노키오
- crash 쿵, 쾅, 와르르

문장 해설

문장을 살펴보면 이것은 완전한 문장이 아니라는 것을 알 수 있습니다. '피노키오가 온라인에서 여자들과 이야기할 때...'라고만 쓰여 있고 '어떻다'는 결과는 생략되어 있습니다.

채팅 용어와 약어

English

IRC와 같은 채팅 프로그램을 사용해서 영어권 사람들과 채팅할 때에 효과적으로 대화할 수 있는 방법을 알아봅시다. 채팅 시 자주 사용하는 채팅 용어와 약어를 살펴보겠습니다.

먼저 다음의 대화를 살펴봅시다.

Mike: I flunked the math test.
나는 수학 시험을 잘 못 봤어.

Julie: Why?
왜?

Mike: It was an open book test, but I lost my textbook.
오픈북 시험이었는데 책을 잃어버렸거든.

But the professor is going to give me another chance.
그런데 교수님께서 다시 한 번 기회를 주신다고 했어.

Julie: That sounds great! Do you want me to lend my textbook?
잘됐구나! 내 교재 빌려 줄까?

Mike: Yes, please!
그래!

Julie: When?
언제?

Mike: ASAP.
가능하면 빨리.

첫 줄부터 해석해 봅시다. flunk는 시험에 실패하거나 낙제했다는 의미가 있습니다. open book test는 교재를 펴고 시험 보는 것을 의미합니다. 일반적으로 closed book test보다 어렵습니다. sounds great는 직역하면 '좋은 소리야'란 뜻이지만 의역하면 '참 잘 됐구나'라는 의미가 됩니다. ASAP는 as soon as possible(가능하면 빨리)의 약어입니다.

인터넷 채팅에서 자주 사용하는 약어를 풀어 보면 다음과 같습니다.

약어	용어	의미
aamof	as a matter of fact	사실은
a.k.a	also known as	별명
approx.	approximately	대략
ASAP	as soon as possible	가급적 빨리
b4	before	전에, 앞서
BBL.	Be Back Later.	나중에 돌아올게
BFN	Bye, for now	안녕, 이만 줄입니다.
biz	business	사업
bldg.	building	건물
BRB	Be right back	곧 돌아옵니다.
BTW	By the way	그런데
co.	company	회사
corp.	corporation	주식회사, 법인
cu	see you	나중에 봅시다.
CUL	See you later	안녕(=Bye)
cuz	because	왜냐하면
dept.	department	과, 부서
ea.	each	각각
e.g.	exempli gratia (for example)	예를 들면
e.o.m.	end of month	월말
etc.	et cetera (and so forth)	기타 등등
F2F	Face to Face	직접 대면하여
FAQ	Frequently Asked Questions	자주 물어보는 질문들
FYA	For your amusement	별 관계는 없지만 재미 삼아 말씀드리면
FYI	For your information	참고로
govt.	government	정부
HHOK	Ha, Ha, only kidding	하하, 농담이에요.
IMO	In my opinion	내 의견으로는
inc.	incorporated	주식회사, 법인

약어	용어	의미
IOU	I owe you	내가 빚졌다.
IRL	in real life	현실에서
L8R	later	나중에, 추후에
LOL	laughing out loud	큰 소리로 웃고 있어.
MORF	Male or Female?	남성 혹은 여성?
OBTW	Oh, by the way	아 참, 그런데
OIC	Oh, I see	네, 알겠습니다.
OTOH	on the other hand	다른 한편으로는
PS	postscript	추신
qtr.	quarter	4분의 1, 학기
TIA	Thanks in advance	미리 감사드립니다.
TNX	Thanks	감사합니다.
VIP	Very Important Person	중요 인물
*$	Star Bucks	스타벅스
AFK	Away From Keyboard / A Free Kill	키보드로부터 떠남(더 이상 채팅/게임을 하지 않음을 의미)
AKA	Also Known As~	일명 ~로 알려져 있다.
BRB	Be Right Back	즉시 돌아올게.
d/c	disconnected	통신이 끊김
DPS	Damage Per Second	초당 피해량
GG	Good Game / Gotta Go / Giggling	좋은 게임이었어! / 가야 해! / 킥킥 (웃다)
GJ	Good Job	잘했어.
gratz	Congratulations	축하해.
IDK	I Don't Know	난 모르겠어.
IMO	In My Opinion~	내 생각에는~
JK	Just Kidding	농담이야.
KISS	Keep It Simple Stupid	간단히(단순화)해야지 바보야.

약어	용어	의미
KK	Kiss Kiss / OK	뽀뽀 / 좋아
LMAO	Laughing My Ass Off	엉덩이가 빠지도록 웃긴다.
N1	Nice One	잘했어.
NP	No Problem	아무 문제없어.
OMG	Oh My God	오 신이시여!
PLZ	Please	제발!
PPL	People	사람
ROFL	Rolling On Floor Laughing	바닥을 뒹굴 정도로 웃기다.
SRY	Sorry	미안.
TBH	To Be Honest ~	솔직히 말해서 ~
THX / TX / THKS	Thanks	고마워.
TMI	Too Much Information	너무 많은 정보이다. (시끄러워! 너 너무 많이 떠든다. 좀 조용히 하자)
TTYL	Talk To You Later / Type To You Later	나중에 얘기하자. / 나중에 (글을) 쓸게
XOXO	Hugs and Kisses	포옹과 키스
YOLO	You Only Live Once	너의 인생은 한 번 뿐이야. (하고 싶은 대로 하고 살라는 의미)

IoE English

The Last Traffic Jam

마지막 교통 체증

We're building the Internet of Everything to confine the traffic jam to yesterday.

우리는 교통 체증을 어제의 것으로 제한하기 위해 사물인터넷을 만들고 있다.

위의 그림은 한 세계적인 통신 회사의 홈페이지 그림을 캡처한 것입니다. 모든 것을 인터넷으로 연결해서(IoE: Internet of Everything) 실제 도로상의 교통 체증을 줄이는 데 기여하겠다는 의지를 엿볼 수 있습니다. GPS 정보, 도로 교통 상황, 날씨, 출퇴근 시간 등 다양한 정보를 인터넷으로부터 전달받아 실제 도로 교통량을 통제하는 기술이라 할 수 있으며 전문가들은 가까운 미래에 실현될 것으로 내다보고 있습니다.

위의 문장에서 confine the traffic jam to yesterday는 현재 매일 일어나고 있는 교통 체증을 '어제의 것으로 제한하겠다'는 의미입니다. 그런 날이 하루빨리 오기를 기대해 봅니다.

연습문제

※ [ ] 안의 단어를 활용하여 아래의 문장을 완성하시오.

1 호스트라고 불리는 각각의 인터넷 컴퓨터는 독립적이다. [call / each / independent]

( ) Internet computer, ( ) a host, is ( ).

2 인터넷에 접근하는 방법은 다양하다. [way / variety / access]

There are a ( ) of ( ) to ( ) the Internet.

3 TCP/IP는 유닉스 운영체제에 내장되어 있으며 인터넷에 의해 사용된다. [build / into / by]

TCP/IP is ( ) ( ) the UNIX operating system and is used ( ) the Internet.

※ 아래의 글을 참조하여 질문에 한글로 답하시오.

4 What is global network connecting millions of computers? ( )

Internet is a global network connecting millions of computers.

5 What can be included as the objective of computer security?

( )

The objective of computer security can include protection of information from theft or corruption, or the preservation of availability.

※ 괄호 안에 알맞은 단어를 넣으시오.

6 TCP/IP, abbreviation for ( ),
is the suite of communications protocols used to connect hosts on the Internet.

7 Even ( ) operating systems that have their own protocols, such as Netware, also support TCP/IP.

※ 다음은 무엇의 약자인지 영어로 적으시오.

8 ISP ______________________________

9 ARPA ______________________________

10 HTML ______________________________

해답

1 (Each), (called), (independent)
2 (variety), (ways), (access)
3 (built), (into), (by)
4 인터넷
5 절도 또는 손상으로부터의 정보 보호 또는 가용성 보존
6 Transmission Control Protocol/Internet Protocol
7 network
8 Internet Service Provider
9 Advanced Research Projects Agency
10 HyperText Markup Language

기출문제

01 *What does the next sentence explain?

> A quick method for finding an ordered dense list for particular record by successively looking at that half of the remaining portion of the list in which the record is known to.

① three search　② hashing
③ binary search　④ block search

02 다음 문장의 ( ) 안 내용으로 옳게 짝지어진 것은?

> (가) involves ensuring that users are allowed to do the things they are trying to do.
> (나) involves ensuring that the things they are trying to do are correct.

① (가) Security (나) integrity　② (가) Security (나) Revoke
③ (가) Integrity (나) Transaction　④ (가) Integrity (나) Revoke

03 Which of the following does not belong to the DML statement of SQL?

① CREATE　② SELECT
③ DELETE　④ INSERT

* 기출문제 What's the explain next sentence?의 문장을 수정함.

04 다음 문장의 괄호 안 내용 ① ~ ⑤에 가장 적합한 항목을 넣으시오.

(①) is a global network connecting millions of computers. More than 100 countries are linked into exchanges of data, news and opinions.

(②), abbreviation for transmission control protocol/internet protocol, is the suite of communications protocols used to connect hosts on the internet. (②) is built into the UNIX operating system and is used by the Internet. Even network operating systems that have their own protocols, such as Netware, also support (②).

(③) is a system of internet servers that support specially formatted documents. The documents are formatted in a markup language called HTML that supports links to other documents, as well as graphics, audio, and video files. This means you can jump from one document to another simply by clicking on hot spots. Not all Internet servers are part of the (③).

(④) is a terminal emulation program for TCP/IP networks such as the Internet. The (④) program runs on your computer and connects your PC to a server on the network. You can then enter commands through the (④) program and they will be executed as if you were entering them directly on the server console. To start a (④) session, you must log in to a server by entering a valid user name and password.(④) is a common way to remotely control Web servers.

(⑤), short for file transfer protocol, the protocol for exchanging files over the Internet. (⑤) works in the same way as HTTP and SMTP. HTTP is for transferring Web pages from a server to a user's browser. And, SMTP is for transferring electronic mail across the Internet. Like these technologies, (⑤) uses the Internet's TCP/IP protocols to enable data transfer.

05 다음 문장의 괄호 안 내용 ① ~ ④에 가장 적합한 항목을 넣으시오.

(①) is a message given to a Web browser by a Web server. The browser stores the message in a text file. The message is then sent back to the server each time the browser requests a page from the server. The main purpose of (①)s is to identify users and possibly prepare customized Web pages for them.

When you enter a Web site using (①)s, you may be asked to fill out a form providing such information as your name and interests. This information is packaged into a(n) (①) and sent to your Web browser which stores it for later use. The next time you go to the same Web site, your browser will send the (①) to the Web server.

(②) is a class of software that helps groups of colleagues(workgroups) attached to a local- area network organize their activities. (②) is sometimes called workgroup productivity software.

(③) is a technology similar in theory to bar code identification. With (③), the electromagnetic or electrostatic coupling in the RF portion of the electromagnetic spectrum is used to transmit signals. A(n) (③) system consists of an antenna and a transceiver, which read the radio frequency and transfer the information to a processing device, and a transponder, or tag, which is an integrated circuit containing the RF circuitry and information to be transmitted.

(④) is an agreed-upon format for transmitting data between two devices. There are a variety of standard (④)s from which programmers can choose. Each has particular advantages and disadvantages; for example, some are simpler than others, some are more reliable, and some are faster.

01 ③

문제해석: 정렬된 방대한 리스트를 리스트의 나머지의 반에서 연속적으로 특정한 레코드를 찾는 빠른 방법

02 ①

문제해석:

- (보안)은 사용자가 그들이 하려고 하는 일들을 할 수 있도록 보장하는 것과 관련된다.
- (무결성)은 그들이 하려고 하는 일들이 정당하다는 것을 보장하는 것과 관련된다.

03 ①

문제해석: SQL의 DML 명령어에 해당하지 않는 것은?

04 ① INTERNET ② TCP/IP ③ WWW
④ 텔넷 ⑤ FTP

(인터넷)은 컴퓨터 수백만 개를 연결한 전 세계적인 네트워크이다. 백여 개국이 데이터, 뉴스, 의견을 교환할 수 있게 연결되어 있다.

전송 제어 프로토콜/인터넷 프로토콜의 약어인 (TCP/IP)는 통신 프로토콜 묶음으로 인터넷의 호스트들을 연결한다. (TCP/IP)는 유닉스 운영체제에 내장되어 있으며 인터넷에 의해 사용된다. 심지어 넷웨어(Netware)와 같은 자체의 프로토콜을 가지고 있는 네트워크 운영체제들도 TCP/IP를 지원한다.

(WWW)는 특별히 형식화된 문서를 지원해 주는 인터넷 서버 시스템이다. 이러한 문서는 다른 문서뿐만 아니라 그림, 오디오, 비디오 파일들에 대한 링크를 지원해 주는 HTML이라고 하는 마크업 언어로 형식화되어 있다. 이것은 핫 스폿을 클릭하여 간단하게 한 문서에서 다른 문서로 옮겨 다닐 수 있다는 것을 의미한다. 모든 인터넷 서버가 (WWW)의 영역인 것은 아니다.

(텔넷)은 인터넷과 같은 TCP/IP 네트워크를 위한 터미널 에뮬레이션 프로그램이다. 이 (텔넷) 프로그램은 컴퓨터에서 실행되며 PC와 네트워크의 서버를 연결한다. 그 다음에 (텔넷) 프로그램을 통하여 명령어를 입력하면 서버 콘솔에서 직접 명령어를 입력하고 있는 것처럼 명령이 실행될 수 있다. (텔넷) 세션을 시작하기 위해서는 반드시 유효한 사용자 명과 암호를 입력해 서버에 로그인해야 한다. (텔넷)은 웹서버를 원격으로 제어하는 일반적인 방법이다.

파일 전송 프로토콜의 약어인 (FTP)는 인터넷상에서 파일을 교환하는 프로토콜이다. (FTP)는 HTTP나 SMTP와 같은 방식으로 작동한다. HTTP는 서버로부터 사용자의 브라우저로 웹페이지를 전송하기 위한 것이다. 그리고 SMTP는 인터넷을 통해 이메일을 전송하기 위한 것이다. 이러한 기술들과 같이 (FTP)는 데이터 전송이 가능하도록 인터넷의 TCP/IP 프로토콜을 사용한다.

05 ① (Cookie) ② (Groupware) ③ RFID ④ (Protocol)

(쿠키)는 웹서버가 웹브라우저로 보내는 메시지이다. 브라우저는 이 메시지를 텍스트 파일로 저장한 후 브라우저가 서버에 페이지를 요청할 때마다 이 메시지가 서버로 다시 전송된다. (쿠키)의 주목적은 사용자를 구별하여 가능할 경우 사용자에 맞춤화된 웹페이지를 제공하는 것이다.

(쿠키)를 사용하여 웹사이트에 접속하면 사용자의 이름, 관심 항목 등과 같은 정보를 제공하기 위한 양식을 작성하도록 요청받을 수 있다. 이 정보는 (쿠키)로 패키지되어 추후 사용을 위해 정보를 저장하는 웹브라우저로 전송된다. 다음번에 동일한 웹사이트를 방문하게 되면 사용자의 웹브라우저가 (쿠키)를 웹서버로 전송한다.

(그룹웨어)는 LAN에 연결되어 있는 동료 집단(workgroups)이 활동을 구성하는 데 도움을 주는 소프트웨어 분류이다. (그룹웨어)는 간혹 작업 그룹 생산성 소프트웨어(workgroup productivity software)로 불리기도 한다.

(RFID)는 이론상 바코드 식별과 비슷한 기술이다. (RFID)는 신호를 송신하기 위해 전자기파 스펙트럼의 RF 부분에 있는 전자석 또는 정전기식 결합 장치를 사용한다. (RFID) 시스템은 무선 주파수를 읽어 정보를 처리 장치로 전송하는 안테나와 송수신기, 그리고 RF 회로가 내장된 통합 회로와 전송해야 할 정보를 담고 있는 트랜스폰더 또는 태그로 구성되어 있다.

(프로토콜)은 두 장치 간에 데이터를 주고받기 위한 형식을 말한다. 프로그래머가 선택할 수 있는 다양한 (프로토콜)이 있으며 각각 고유의 장단점이 있다. 예를 들어 일부는 다른 것들보다 간결하고 일부는 보다 신뢰도가 높고, 일부는 속도가 더욱 빠르다.

Chapter

06

Multimedia

Section 01 The Definition of Multimedia
Section 02 Type of Multimedia
Section 03 Drone
Section 04 Self Check
Section 05 Practical English

Intro

Recently, as the performance of computer hardware, such as speed of CPUs, memory capacity, and so on, grows rapidly, quality of software is greatly enhanced as well. Especially, the quality of multimedia, such as the resolutions of pictures and movies and quality of sound, has significantly advanced. Recent multimedia contents, including games and educational contents, are served at great qualities. Let's learn the concepts and types of multimedia in this chapter.

최근 CPU 속도나 메모리 용량 같은 컴퓨터 하드웨어 성능이 빠르게 향상됨에 따라 소프트웨어의 품질도 향상되고 있다. 특히 그림이나 동영상의 해상도, 음질과 같은 멀티미디어의 품질이 눈에 띄게 발달했다. 게임이나 교육용 콘텐츠를 비롯한 최신 멀티미디어 콘텐츠는 대단한 품질로 제공된다. 이 장에서는 멀티미디어의 개념과 종류에 대해 공부해 보자.

Section 01

The Definition of Multimedia 멀티미디어 정의

01 The Concept of Multimedia 멀티미디어 개념

Multimedia is media and content that uses a combination of different content forms. Although still images are a different medium than text, multimedia is typically used to mean the combination of text, sound, and/or motion video. Some people might say that the addition of animated images (for example, animated GIF on the Web) produces multimedia, but it has typically meant one of the following:

- Text and sound
- Text, sound, and still or animated graphic images
- Text, sound, and video images
- Video and sound
- Multiple display areas, images, or presentations presented concurrently
- In live situations, the use of a speaker or actors and "props" together with sound, images, and motion video

---

멀티미디어란 서로 다른 콘텐츠 양식을 조합하여 사용하는 미디어 및 콘텐츠를 뜻한다. 비록 정지 영상도 텍스트와 구분되는 매체이긴 하지만, 멀티미디어는 일반적으로 텍스트, 사운드, 동영상 비디오가 결합된 형태를 의미한다. 일부 사람들은 애니메이션 이미지(예를 들면 웹에서 볼 수 있는 움직이는 GIF)를 멀티미디어에 추가해야 한다고 말할 수도 있다. 하지만 일반적으로 멀티미디어라고 칭하는 것은 다음 중 하나이다.

- 텍스트와 소리
- 텍스트, 소리와 정지 영상 또는 동영상
- 텍스트, 소리와 비디오 이미지

- 비디오와 소리
- 동시에 제공되는 복수 개의 출력 영역, 이미지, 프레젠테이션
- 생중계 상황에서 소리, 이미지, 동영상을 포함한 강연자 또는 배우와 소품의 활용

Words

- although 비록 ~이지만
- still image 정지 영상
- different 다른
- medium 미디어(media)의 단수형
- typically 일반적으로
- mean 의미하다
- combination 결합
- motion video 동영상
- addition 추가, 첨가
- animated 동영상으로 된, 애니메이션의
- produce 생산하다
- meant mean(의미하다)의 과거분사형
- following 다음의
- concurrently 동시에
- situation 상황
- speaker 강연자, 연설자
- actor 배우
- prop 소품

Tip

멀티미디어

초기의 컴퓨터에서는 문자만 처리할 수 있었으나 정보 인식(입력) 및 표현(출력) 기술이 발전함으로써 문자 이외에도 음성, 영상 등으로 이루어진 다양한 매체를 처리할 수 있게 되었습니다. 이를 멀티미디어(Multimedia)라고 합니다.

멀티미디어 매체들은 영상과 소리를 주로 취급하기 때문에 정보의 양이 방대하고 이들 자원을 처리하기가 매우 복잡하고 까다롭습니다. 그래서 이들을 처리하고 전송하기 위해서는 고속의 전송 선로와 다양한 대역폭을 제공하는 교환 기술 및 영상과 음성 신호의 처리 기술이 필요합니다.

멀티미디어는 화상 회의, 전자 출판, 가상현실, 오락, 의료, 교육, 방송 등 사회 전 분야에 걸쳐 매우 다양하게 응용되기 때문에 멀티미디어를 취급하기 위한 응용 프로그램은 더욱 중요한 분야가 되고 있습니다.

02 Multimedia Element 멀티미디어 요소

Multimedia can arguably be distinguished from traditional motion pictures or movies both by the scale of the production and by the possibility of audience interactivity or involvement. Interactive elements can include: voice command, mouse manipulation, text entry, touch screen, video capture of the user, or live participation.

Multimedia tends to imply sophistication (and relatively more expense) in both production and presentation than simple text-and- images. Multimedia presentations are possible in many contexts, including the Web, CD-ROMs, and live theater.

A rule-of-thumb for the minimum development cost of a packaged multimedia production with video for commercial presentation is: $1,000 a minute of presentation time. Since any Web site can be viewed as a multimedia presentation, however, any tool that helps develop a site in multimedia form can be classed as multimedia software and the cost can be less than for standard video productions.

For multimedia Web sites, popular multimedia (sound or sound and motion video or animation) players include: MPEG, Quicktime, and Shockwave.

멀티미디어는 영화와 같은 전통적인 매체와 제작 규모, 청중과의 상호 작용성 또는 참여 가능성에 의해 뚜렷이 구분된다. 상호 작용성 요소로는 다음을 포함할 수 있다. 음성 명령, 마우스 조작, 텍스트 입력, 터치스크린, 사용자의 비디오 캡처 또는 현장 참여 등이다.

멀티미디어는 간단한 텍스트나 영상에 비해 제작과 표현에서 세련됨(상대적으로 비싸다)을 함축하는 경향이 있다. 멀티미디어는 웹, CD-ROM, 라이브 극장을 포함한 다양한 맥락에서 표현될 수 있다.

경험상 상업용 프레젠테이션에서 동영상이 포함되어 있는 패키지화된 멀티미디어를 제작하는 데 드는 비용은 일반적으로 최소 1분당 천 달러를 넘어간다. 하지만 어떠한 웹사이트도 멀티미디어 프레젠테이션으로 볼 수 있고, 어떤 사이트를 멀티미디어 형식으로 개발하는 데 도움을 주는 툴이라면 무엇이든 멀티미디어 소프트웨어로 분류할 수 있기 때문에 표준적인 비디오 제작에 비하면 웹사이트 제작 비용은 더 적게 들 수 있다.

멀티미디어 웹사이트용으로는 MPEG, Quicktime, Shockwave 같은 멀티미디어(사운드, 사운드와 동영상, 사운드와 애니메이션) 플레이어가 가장 많이 쓰인다.

Words

- arguably 거의 틀림없이
- distinguish from ~와 구별하다
- manipulation 조작, 다루기
- participation 참여, 참가
- touch (명사) 접촉, 만지기
- capture 캡처, 갈무리
- tend to ~하는 경향이 있다
- imply 의미하다, 함축하다
- sophistication 세련됨
- context 맥락, 문맥
- theater 극장
- rule-of-thumb 경험상
- minimum 최소
- development 개발
- production 제작, 저작물
- commercial 상업의

Tip

음원 압축 기술

- MP3(MPEG Audio Layer-3): 1987년에 개발된 MPEG-1의 오디오 규격으로 MP1, MP2를 개량하여 만든 손실 압축 포맷입니다. 가장 대중적인 음악 파일 포맷으로 컴퓨터 디스크 등의 PCM 음성을 1/10까지 압축하여 크기를 줄일 수 있습니다.
- FLAC(Free Lossless Audio Codec): 음원의 무손실 압축의 파일 형식으로 MP3와 달리 오디오 스트림에 손실이 발생하지 않습니다. FLAC은 오디오 소스를 온전하게 보존하면서도 높은 압축률을 제공하기 때문에 전송률, 대역폭, 저장 공간 등에서 장점을 가지고 있습니다. 즉 WAV 형식과 같은 음원을 FLAC으로 인코드했다 다시 디코드하면 똑같은 오디오 데이터를 얻을 수 있습니다. FLAC으로 압축하면 원래 크기의 40~50%로 줄어들어 최근에는 APE와 같이 널리 사용되고 있습니다.

Section 02 Type of Multimedia 멀티미디어 종류

— 01 — Text 텍스트

In information technology, text is a human-readable sequence of characters and the words they form that can be encoded into computer-readable formats such as ASCII. Text is usually distinguished from non-character encoded data, such as graphic images in the form of bitmaps and program code, which is sometimes referred to as being in "binary".

IT 분야에서 텍스트란 ASCII와 같이 컴퓨터가 읽을 수 있는 형식으로 인코딩될 수 있는, 인간이 읽을 수 있는 문자 및 그러한 문자로 이루어진 단어를 의미한다. 텍스트는 보통 문자가 아닌 인코딩된 데이터와는 구분되는데, 이런 문자가 아닌 인코딩된 데이터로는 비트맵 형태로 표현되는 그래픽 이미지라든가 "바이너리"라고도 부르는 프로그램 코드 같은 것 등을 들 수 있다.

Words

- **human-readable** 인간이 읽을 수 있는
- **encode** 기호화하다, 부호화하다
- **computer-readable** 컴퓨터가 읽을 수 있는
- **usually** 보통, 일반적으로
- **distinguish from** ~와 구별하다
- **bitmap** 비트맵

— 02 — Graphic 그래픽

An image is a picture that has been created or copied and stored in electronic form. An image can be described in terms of vector graphics or raster graphics. An image stored in raster form is sometimes called a bitmap. An image map is a file containing information that associates different locations on a specified image with hypertext links.

이미지는 전자적인 형태로 생성되거나 복사되고 저장된 그림이다. 이미지는 벡터 그래픽이나 래스터(점방식) 그래픽에 관하여 묘사된다. 래스터 형식으로 저장된 이미지를 때로 비트맵이라고 부른다. 이미지 맵은 특정한 이미지에 다른 위치를 연관시킨 정보를 하이퍼텍스트 링크로 가지고 있는 파일이다.

Words

- picture 그림, 사진
- copy 복사하다
- electronic 전자적
- form 형태
- describe 묘사하다, 그리다
- in terms of ~에 관하여
- store 저장하다
- contain 포함하다
- associate 연관시키다
- location 위치
- specified 특정한

03 Audio(Sound) 오디오(사운드)

Audio is sound within the acoustic range available to humans. An audio frequency (AF) is an electrical alternating current within the 20 to 20,000 hertz (cycles per second) range that can be used to produce acoustic sound. In computers, audio is the sound system that comes with or can be added to a computer. An audio card contains a special built-in processor and memory for processing audio files and sending them to speakers in the computer. An audio file is a record of captured sound that can be played back.

오디오는 사람이 들을 수 있는(=가청음) 범위 내에 있는 소리를 말한다. 오디오 주파수는 가청음을 만들어 낼 수 있는 20~20,000Hz(초당 사이클 수) 범위 내의 전자적 교류 전류이다. 컴퓨터에서 오디오는 컴퓨터에 포함되어 있거나 추가될 수 있는 사운드 시스템이다. 오디오 카드는 오디오 파일 처리와 컴퓨터에 있는 스피커로 그것을 전송하기 위해 제작된 특수한 내장 프로세서와 메모리를 포함한다. 오디오 파일은 나중에 재생할 수 있도록 소리를 담아내서 기록한 것이다.

Words

- **acoustic** 가청의, 청각의, 음파의
- **range** 범위
- **frequency** 주파수
- **alternating** 교류의
- **current** (명사) 전류
- **produce** 만들어 내다
- **built-in** 내장된
- **capture** 담아내다
- **play back** 재생하다

04 Video 비디오

Electronic signals of moving graphics, pictures and/or text used to combine a fluid source of images used for entertainment, education or other uses.

When referring to a computer video, video commonly refers to the display used to visually see output from the computer. Video on a computer is generated by a video card and commonly displayed on a computer monitor.

오락, 교육 및 기타 용도로 다양한 이미지 소스를 결합하기 위해 쓰이는 동영상, 그림, 텍스트 등의 전자적 신호.

일반적으로 컴퓨터 비디오를 언급할 때는 컴퓨터 출력물을 시각적으로 볼 수 있도록 하는 출력 장치를 말한다. 컴퓨터에서 비디오는 비디오 카드를 이용해서 생성되며, 대개 컴퓨터 모니터로 출력된다.

Words

- electronic signal 전자적 신호
- fluid 유동성의
- visually 시각적으로
- generate 생성하다, 형성하다

05 Animation 애니메이션

Animation is a simulation of movement created by displaying a series of pictures, or frames. Cartoons on television are one example of animation. Animation on computers is one of the chief ingredients of multimedia presentations. There are many software applications that enable you to create animations that you can display on a computer monitor.

애니메이션은 일련의 그림이나 프레임을 출력하여 생성된 동작 시뮬레이션이다. 텔레비전 만화는 애니메이션의 한 예다. 컴퓨터 애니메이션은 멀티미디어 표현물의 주된 원료 가운데 하나이다. 컴퓨터 모니터로 볼 수 있도록 애니메이션을 제작할 수 있는 응용 프로그램은 매우 다양하다.

Words

- simulation 시뮬레이션, 모의실험
- movement 동작, 움직임
- cartoon 만화
- chief 주된
- ingredient 원료, 성분
- enable 가능하게 하다

Section

03 Drone 드론

Drones are more formally known as unmanned aerial vehicles (UAV). Essentially, a drone is a flying robot. The aircraft may be remotely controlled or can fly autonomously through software-controlled flight plans in their embedded systems working in conjunction with GPS. UAVs have most often been associated with the military but they are also used for search and rescue, surveillance, traffic monitoring, weather monitoring and firefighting, among other things.

More recently, the unmanned aircraft have come into consideration for a number of commercial applications. In late 2013, Amazon announced a plan to use drones for delivery in the not-too-distant future. Personal drones are also becoming increasingly popular, often for drone-based photography.

Other applications include drone surveillance and drone journalism, because the unmanned flying vehicles can often access locations that would be impossible for a human to get to. In the United States, the Federal Aviation Administration (FAA) is developing regulations for the operation of unmanned aircraft.

드론은 공식적으로 무인항공기로 알려져 있다. 드론은 본질적으로 비행 로봇이다. 이 항공기는 원격으로 조정되거나 GPS로 연결하여 작동하는 임베디드 시스템 소프트웨어로 통제되는 항공 계획을 통하여 자동으로 날 수 있다. UAV는 대부분 군사용으로 사용되어 왔지만 또한 수색, 구조, 감시, 교통량 조사, 날씨 관측, 소방 활동 등에도 활용되고 있다.

최근에 무인항공기는 다수의 상업적인 용도로 고려되고 있다. 2013년 후반 아마존은 가까운 미래에 드론을 택배에 활용할 계획을 발표하였다. 드론 기반의 사진 촬영과 같은 개인용 드론은 점점 더 대중화되고 있다.

다른 용도로는 드론 감시와 드론 저널리즘을 포함한다. 무인항공기는 사람이 갈 수 없는 장소까지 접근할 수 있기 때문이다. 미국에서는 미국연방항공국이 무인항공기의 운항에 관한 법규를 재정하고 있다.

Words

- formally 공식적으로, 정식으로
- unmanned 무인의
- aerial 공중의, 항공의
- vehicle 수송 수단, 탈것
- essentially 본질적으로
- flying 나는, 비행하는
- aircraft 항공기
- remotely 원격으로
- control 조정하다
- software-controlled 소프트웨어로 통제되는
- conjunction 연결, 결합
- rescue 구조
- surveillance 감시
- traffic monitoring 교통량 조사
- weather monitoring 날씨 관측
- firefighting 소방(활동), 긴급 대응 조치
- consideration 고려 사항
- a number of 다수의
- application 응용, 적용
- increasingly 점점 더
- popular 대중적인, 인기 있는
- commercial 상업의, 광고용의
- announce 발표하다, 공고하다, 예고하다
- not-too-distant future 가까운 미래
- photography 사진 촬영, 사진술
- journalism 저널리즘, 신문 잡지 기고 집필
- access 접근, 출입
- Federal Aviation Administration 미국연방항공국
- regulation 법규, 규정
- operation (항공기의) 운항, 가동, 작동

Section 04

Self Check

GIF, Graphics Interchange Format. A data compression format used to compress and transfer graphic images into digital information that can be displayed on the computer screen. Because of their smaller size, this format is used widely on the Internet for the transfer of graphic files. The files have a .GIF extension.

Words

- interchange 교환하다, 주고받다
- compression 압축
- compress 압축하다
- smaller small(작은)의 비교급
- format 형식
- transfer 전송하다

A video card (video boards, graphics cards, graphics adapter) is a physical hardware circuit board that connects to the Motherboard. Video cards are also now being placed onto the computer motherboard to help bring the cost down on computers. When the video card is connected to a monitor, it serves as the visual link between you and your computer, allowing you to view and manage your computer's software data.

Words

- physical hardware 물리적인 하드웨어
- circuit 회로
- motherboard 마더보드
- place 위치하다
- bring 가져오다
- visual 시각적인
- allow 허용하다, 허락하다
- manage 관리하다

Section 05

Practical English

01

www.glasbergen.com

"A corned beef sandwich with fries for me and some Spam and cookies for my computer."

"내게는 감자튀김과 소금에 절인 소고기 샌드위치를,
컴퓨터에게는 스팸과 쿠키를 (주세요)."

Words

- corned 소금에 절인(= salted)
- beef 소고기
- sandwich 샌드위치
- fries 감자튀김
- Spam 스팸 메일
- cookies 쿠키, 인터넷 웹사이트의 방문 기록을 남겨 사용자와 웹사이트 사이를 매개해 주는 정보

문장 해설

문장에서 주어와 서술어를 찾아보세요. 아무리 찾아도 주어와 서술어가 보이지 않을 것입니다. 주어와 서술어가 생략된 것이죠. 그림을 보면서 상황을 유추해 봅시다. 먼저 손님이 종업원에게 음식을 주문하고 있다는 것을 알 수 있습니다. 주문할 때는 I would like to order ~ (나는 ~을 주문하고 싶습니다)라는 표현을 사용하면 됩니다. 이때 주어는 I, 서술어는 would like to ~(~하고 싶다)입니다.

Tip

쿠키

쿠키(Cookie)는 인터넷 웹사이트의 방문 기록을 남겨 사용자와 웹사이트 사이를 매개해 주는 정보이며, 사용자가 웹사이트에 다시 접속했을 때 빠르게 연결해 주는 편리한 기능입니다.

02

www.glasbergen.com

"If you're not completely satisfied, your money will be cheerfully refunded as soon as we can find someone around here who's cheerful."

"만약 당신이 완전히 만족하지 못한다면, 당신의 돈은 기꺼이 환불해 드리겠습니다. 다만 이곳에서 당신의 돈을 기분 좋게 (환불)해 주겠다는 사람이 나타난다면 말이죠."

Words

- completely 완전히, 완벽하게
- satisfy 만족하다
- cheerfully 기꺼이
- cheerful 기분 좋은

문장 해설

If A, B 형태의 문장은 '만약 A라면 B이다'로 해석합니다. 먼저 If에서 refunded까지 해석하면 '만약 당신이 완전히 만족하지 못한다면 당신의 돈은 기꺼이 환불될 것입니다'가 됩니다. 하지만 여기서는 as soon as라는 단서가 붙습니다. 즉, 우리가 어떤 사람을 찾는 대로 환불하겠다는 조건입니다. 그럼 어떤 사람일까요? 여기에 있는 사람들 중에서 기분 좋게 환불해 주겠다는 사람입니다.

환불은 고객이 구매한 상품을 일정 기간 사용해 보고 이를 만족하지 못할 경우 상품 금액을 되돌려주는 제도입니다. 판매원은 이곳에서 환불을 기분 좋게 받아들일 사람이 있다면 환불해 주겠다고 말하고 있습니다. 즉 환불해 주지 못하겠다는 의미를 포함하는 말입니다.

응용 문장

If문을 더 자세히 살펴봅시다.

If you are tired, we will go back home.
네가 피곤하면, 집에 돌아가도록 하자.

If it rains tomorrow, the meeting will be canceled.
내일 비가 오면, 회의는 취소될 것입니다.

If you help us, we will finish it early.
네가 우리를 도와주면, 우리는 그것을 빨리 끝낼 수 있을 거야.

If you ask him, he will help you.
그에게 부탁하면, 그가 너를 도와줄 거야.

03

"I know a lot of highly-confidential company secrets, so my boss made me get a firewall installed."

"나는 회사의 극비 사항을 많이 알고 있어.
그래서 나의 상사는 내가 방화벽을 설치하도록 만들었어."

Words

- a lot of 많은
- highly-confidential secret 극비 사항
- boss 상사, 고용주
- firewall 방화벽, 네트워크 보안 시스템의 일종
- install 설치하다, 장치하다

문장 해설

so를 중심으로 두 개의 문장이 결합된 형태입니다. A, so B 형태로 'A라서(때문에) B이다'로 해석할 수 있습니다. 먼저 기본 문장은 '나는 ~을 알고 있다'입니다. 즉 '나는 극비 사항을 많이 알고 있다'가 됩니다.

그리고 so절에서 주어는 my boss이고 서술어는 made입니다. 즉 '사장님이 나를 만들었다'로 해석합니다. 그럼 무엇을 하도록 만든 것일까요? get a firewall installed 즉 '방화벽을 설치하도록' 시킨 것입니다. 따라서 '나의 상사는 내가 방화벽을 설치하도록 만들었어'로 해석합니다.

04

www.glasbergen.com

"Welcome to the Weight Loss Forum.
To lose one pound, double-click your mouse six million times."

"체중 감량 포럼에 오신 것을 환영합니다.
1파운드를 감량하려면, 마우스를 6백만 번 더블클릭하세요."

Words

· weight 체중
· forum 포럼
· loss 감량, 소모
· million times 백만 번

문장 해설

첫 번째 문장의 Welcome to~는 '~에 오신 것을 환영합니다'라는 의미입니다. 따라서 전체 문장은 '체중 감량 포럼에 오신 것을 환영합니다'로 해석합니다.

두 번째 문장은 To로 시작하는데 앞에 In order가 생략되었다고 볼 수 있습니다. 따라서 To lose one pound는 '1파운드를 감량하기 위해서는'으로 해석합니다. 그 다음 문장에서는 주어가 생략되었고 서술어는 double-click(더블클릭하다)입니다. 동사가 문장 앞에 나오기 때문에 명령문이므로 '마우스를 더블클릭하세요'가 됩니다.

05

"I tried to write my school report about Antarctica, but the computer kept freezing. So I changed my topic to Hawaii."

"남극 대륙에 관한 리포트를 작성하려고 했더니 컴퓨터가 계속 멈춰 버려. 그래서 나는 주제를 하와이로 바꿨어."

Words

- **report** 리포트, 보고서
- **Antarctica** 남극 대륙
- **freeze** 얼다, 꼼짝 않다
- **keep ~ing** 계속해서 ~하다
- **topic** 주제, 토픽, 논제
- **Hawaii** 하와이

문장 해설

첫 번째 문장의 주어는 I이고 서술어는 tried to입니다. 즉 '나는 학교 리포트를 작성하려고 노력했다'에 about Antarctica가 이어져서 '나는 남극 대륙에 대해서 리포트를 작성하려고 노력하였다'로 해석합니다. 다음 절은 but으로 연결되어 있으므로 '그러나 그 컴퓨터는 계속해서 꼼짝하지 않는다(멈춘다)'로 해석합니다. 원래 freeze는 '얼다'라는 의미를 가지고 있으나 경우에 따라서 조금씩 의미가 달라집니다. 여기에서는 컴퓨터가 멈추는 것으로 해석합니다.

두 번째 문장에서 change A to B는 'A를 B로 바꾸다'라는 숙어입니다. 따라서 '그래서 나는 주제를 하와이로 바꿨어'로 해석합니다.

한 학생이 남극 대륙을 리포트 주제로 학교 숙제를 하고 있습니다. 그런데 웬일인지 계속해서 컴퓨터가 멈추고 작동이 되지 않는 것입니다. 이상하다고 생각한 끝에 '추운 남극 대륙에 대해서 자료를 찾기 때문에 컴퓨터가 얼어붙는구나! 그러면 장소를 바꿔서 따뜻한 하와이에 대해 조사하면 컴퓨터가 멈춰 서지 않을 거야!'라고 생각한 것입니다.

freeze는 '얼다'는 의미 이외에도 다양한 의미를 가지고 있습니다. 예를 들면 미국에서 경찰이 총을 들고 여러분에게 freeze!라고 말했다면 '얼어붙어!', 즉 얼음처럼 움직이지 말라는 의미입니다. '꼼짝마!'라는 뜻이겠죠.

응용 문장

본문의 문장을 활용하여 새로운 문장을 만들어 봅시다.

I tried to install the Linux system onto my computer but the computer kept freezing.
나는 내 컴퓨터에 리눅스 시스템을 설치하려고 했는데, 컴퓨터가 계속해서 멈추었다.

So I changed my old computer to a brand new one.
그래서 나는 내 오래된 컴퓨터를 새것으로 교환하였다.

06

"Your regular programs will not be seen tonight because you need to spend more time with your computer who's feeling very neglected lately."

"정규 방송은 오늘 밤에 방영되지 않을 것입니다. 최근 큰 소외감을 느끼고 있는 당신의 컴퓨터와 더 많은 시간을 보내야 하기 때문입니다."

Words

- **regular program** 정규 방송
- **tonight** 오늘 밤
- **spend** 보내다, 지내다
- **neglected** 소외된, 무시된, 방치된
- **lately** 최근, 요즘

문장 해설

앞 문장에서 주어는 Your regular programs(당신의 정규 방송)이고 서술어는 will not be seen(보이지 않을 것입니다)입니다. 즉 '오늘 당신의 정규 방송은 보이지(방영되지) 않을 것입니다'입니다. 이유는 because 이후에 나옵니다. 해석하면 '당신은 더 많은 시간을 보내는 것이 필요하기 때문입니다(because you need to spend more time)'가 됩니다. with ~ 는 '~와'를 의미하므로 with your computer는 '당신의 컴퓨터와 함께'라고 해석합니다. 관계대명사 who 이하는 바로 앞의 your computer(당신의 컴퓨터)를 수식합니다. 그런데 왜 사람이 아닌 컴퓨터에 that이 아닌 who를 사용했을까요? 외로움을 느낀다는 컴퓨터를 사람인 것처럼 비유했기 때문입니다.

응용 문장

본문의 문장을 활용하여 새로운 문장을 만들어 봅시다.

Your computer program will not run properly because you need to spend more time with your wife who's feeling very neglected lately.

당신의 컴퓨터 프로그램은 제대로 작동하지 않을 것입니다. 왜냐하면 당신은 최근 소외감을 많이 느끼고 있는 당신의 아내와 더 많은 시간을 보내야 하기 때문입니다.

07

www.glasbergen.com

"If you're worried about cell phone microwaves, stick a piece of popcorn in your ear. When it pops, it's time to hang up."

"만약 휴대폰에서 발생하는 전자파에 대해 걱정한다면, 귀에 팝콘 한 알을 꽂아 두세요. 그러다 팝콘이 펑 터지면 전화를 끊을 시간이 된 겁니다."

Words

- worry about ~에 대해 걱정하다
- cell phone 휴대폰
- microwave 전자파, 마이크로파
- stick 꽂다, 고정하다, 장치하다
- popcorn 팝콘
- ear 귀
- pop 펑 터지다, 펑 소리가 나다
- it's time to ~할 시간이다
- hang up 전화를 끊다

문장 해설

첫 번째 문장은 If A, B 형태로 앞에서 살펴본 것처럼 '만약 당신이 ~를 걱정한다면'으로 해석합니다. 먼저 cell phone은 휴대폰으로 미국에서는 cellular phone이라고도 합니다. 우리가 흔히 사용하는 핸드폰은 hand와 phone이 결합된 콩글리시입니다. microwave는 극초단파(마이크로파)라는 의미와 전자레인지(microwave oven)라는 의미를 생각할 수 있는데, 여기에서는 극초단파의 의미로 우리가 흔히 전자파라고 부르는 것입니다. 따라서 휴대폰에서 발생하는 전자파로 해석할 수 있습니다. stick은 동사이며, 절 앞에 오기 때문에 명령문으로 해석해야 합니다. 따라서 '네 귀에 팝콘 한 알을 꽂아라'가 됩니다. If절과 합치면 '만약 휴대폰에서 발생하는 전자파가 걱정스럽다면, 귀에 팝콘 한 알을 꽂아 두세요'가 됩니다.

두 번째 문장을 살펴보면 it이 두 번 나옵니다. 각 단어가 의미하는 것은 무엇일까요? 첫 번째 it은 a piece of popcorn을 가리키고, 두 번째 it은 '시간'을 나타냅니다. 따라서 '그것(팝콘)이 터지면 전화를 끊을 시간이 된 것입니다'라고 해석합니다.

반도체 광고

Let There Be Right Solution

올바른 해결책(장비)을 준비하자.

Revolutionize your business performance with Samsung Green Memory Solution - DDR4 & PCIe SSD

삼성 그린 메모리 해결책(DDR4 & PCIe SSD)으로 당신 사업의 성과를 혁신하자!

더 적은 에너지. 더 빠른 속도.

삼성 반도체의 광고입니다. 더욱 적은 에너지로 더욱 빠른 속도를 제공해 주는 그린(친환경) 메모리를 광고하고 있습니다.

연습문제

※ 괄호 안에 알맞은 단어를 넣으시오.

1 Multimedia is the use of computers to present ( ) in an integrated way.

(멀티미디어는 컴퓨터를 사용하여 텍스트, 그림, 비디오, 애니메이션, 그리고 소리를 통합된 방식으로 나타내는 것이다.)

2 A rule-of-thumb for the ( ) of a packaged multimedia production with video for commercial presentation is: $1,000 a minute of presentation time.

(경험상 상업용 프레젠테이션에서 동영상이 포함되어 있는 패키지화된 멀티미디어를 제작하는 데 드는 비용은 최소 1분당 천 달러를 넘어간다.)

3 Nearly all PCs are capable of displaying video, though the resolution available depends on the ( ).

(비록 컴퓨터의 비디오 어댑터와 CPU의 성능에 따라 이용 가능한 해상도가 좌우되지만 거의 모든 PC는 비디오를 출력할 수 있다.)

4 ( ): voice command, mouse manipulation, text entry, touch screen, video capture of the user, or live participation.

(상호 작용성 요소로는 다음을 포함할 수 있다: 음성 명령, 마우스 조작, 텍스트 입력, 터치스크린, 사용자의 비디오 캡처 또는 현장 참여.)

※ [ ] 안의 단어를 활용하여 아래의 문장을 완성하시오.

5 어떠한 웹사이트도 멀티미디어 프레젠테이션으로 볼 수 있다. [view / as / any]

( ) Web site can be ( ) ( ) a multimedia presentation.

6 오디오는 사람이 들을 수 있는 범위 내에 있는 소리를 말한다. [to / available / within]

Audio is sound ( ) the acoustic range ( ) ( ) humans.

※ 아래의 글을 참조하여 질문에 한글로 답하시오.

7 What is media and content that uses a combination of different content forms?

( )

Multimedia is media and content that uses a combination of different content forms.

8 What is one of the chief ingredients of multimedia presentations?

( )

Animation on computers is one of the chief ingredients of multimedia presentations.

9 What generates the video on a computer commonly displayed on a computer monitor?

( )

Video on a computer is generated by a video card and commonly displayed on a computer monitor.

※ 다음은 무엇의 약자인지 영어로 적으시오.

10 HDTV ________________________________

11 GIF ________________________________

12 AF ________________________________

해답

1. text, graphics, video, animation, and sound
2. minimum development cost
3. power of the computer's video adapter and CPU
4. Interactive elements can include
5. (Any), (viewed), (as)
6. (within), (available), (to)
7. 멀티미디어
8. 컴퓨터 애니메이션
9. 비디오 카드
10. High-Definition Television
11. Graphics Interchange Format
12. Audio Frequency

기출문제

01 다음 영문의 괄호 안 내용으로 가장 적절한 것은?

> Generally, the population of keys is greater than the number of records in the data file. In this case, there is a possibility that more than one key will be hashed to the same address in the file. It is called (   )

① collision ② slot
③ bucket ④ key

02 Which of the following is not a function of the *DBA?

① schema definition ② storage structure definition
③ application program coding ④ integrity constraint specification

03 다음 영문의 괄호 안 내용으로 가장 적절한 것은?

> A(n) (   ) is a file that contains meta data that is, data about data. This file is consulted before actual data are read or modified in the database system.

① VIEW ② Index
③ ISAM file ④ Data Dictionary

* DBA: DataBase Administrator

04 다음 문장의 괄호 안 내용 ① ~ ④에 가장 적합한 항목을 넣으시오.

In information technology, (①) is a human-readable sequence of characters and the words they form that can be encoded into computer-readable formats such as ASCII. (①)is usually distinguished from non-character encoded data, such as graphic images in the form of bitmaps and program code, which is sometimes referred to as being in "binary".

A(n) (②) is a picture that has been created or coped and stored in electronic form. A(n) (②) can be described in terms of vector graphics or raster graphics. A(n) (②) map is a file containing information that associate different locations on a specified (②) with hypertext links.

(③) is sound within the acoustic range available to humans. A(n) (③) frequency is an electrical alternating current within the 20 to 20,000hertz(cycle per second) range that can be used to produce acoustic sound. In computers, (③) is the sound system that comes with or can be added to a computer. A(n) (③) file is a record of captured sound that can be played back.

(④) is a simulation of movement create by displaying a series of pictures, or frames. Cartoons on television is one example of (④). (④) on computers is one of the chief ingredients of multimedia presentation. There are many software applications that enable you to create (④)s that you can display on a computer monitor.

01 ①

문제해석: 일반적으로 키의 수는 데이터 파일의 레코드의 수보다 많다. 이러한 경우에는 그 파일에서 한 개 이상의 키가 같은 주소로 해시될 가능성이 있다. 그것은 충돌이라고 불린다.

- Collision: 해싱 함수에 의해 계산된 레코드의 홈 주소가 같은 경우에 발생
- synonym: 해싱 함수에서 같은 주소를 갖는 레코드의 집합을 의미

02 ③

문제해석: 다음 중 DBA의 역할이 아닌 것은?

① 스키마의 정의 ② 저장 구조의 정의

③ 응용 프로그램 코딩 ④ 무결성 제약 사항 명세

문장해설: 응용 프로그램을 코딩하는 것은 응용 프로그래머의 역할이다.

03 ④

문제해석: 데이터 사전은 데이터에 관련된 데이터인 메타데이터를 담고 있는 파일이다. 이 파일은 실제 데이터가 데이터베이스 시스템에서 읽히거나 수정되기 전에 참조되는 것이다.

04 ① Text ② Image ③ Audio ④ Animation

IT 분야에서 (텍스트)란 ASCII와 같이 컴퓨터가 읽을 수 있는 형식으로 인코딩될 수 있는, 인간이 읽을 수 있는 문자 및 그러한 문자로 이루어진 단어를 의미한다. (텍스트)는 보통 문자가 아닌 인코딩된 데이터와는 구분되는데, 이런 문자가 아닌 인코딩된 데이터로는 비트맵 형태로 표현되는 그래픽 이미지라든가 "바이너리"라고도 부르는 프로그램 코드 같은 것 등을 들 수 있다.

(이미지)는 전자적 형태로 생성, 복사, 저장된 그림이다. 벡터 그래픽 혹은 래스터 그래픽이란 용어로 (이미지)를 표현할 수 있다. (이미지) 맵은 특정한 (이미지)에 다른 위치를 연관시킨 정보를 하이퍼텍스트 링크로 가지고 있는 파일이다.

(오디오)는 사람이 들을 수 있는(=가청음) 영역 내에 있는 소리를 말한다. (오디오) 주파수는 가청음을 만들어 낼 수 있는 20~20000Hz(초당 사이클 수) 범위 내의 전자적 교류 전류이다. 컴퓨터에서 (오디오)는 컴퓨터에 포함되어 있거나 추가될 수 있는 사운드 시스템이다. (오디오) 파일은 나중에 재생할 수 있도록 소리를 담아내서 기록한 것이다.

(애니메이션)은 일련의 그림이나 프레임을 출력하여 생성된 동작 시뮬레이션이다. 텔레비전 만화는 (애니메이션)의 한 예다. 컴퓨터 (애니메이션)은 멀티미디어 표현물의 주된 원료 중 하나이다. 컴퓨터 모니터로 볼 수 있도록 애니메이션을 제작할 수 있는 응용 프로그램은 매우 다양하다.

Chapter

07

Database

Section 01 Introduction of the Database

Section 02 The Classification of Database

Section 03 Big data

Section 04 Web Database

Section 05 Self Check

Section 06 Practical English

Intro

A database is one of the main issues in the field of computer science. In its early days, the database was used for a narrow field. However, thanks to the advance of network technologies, the extend of its usage has grown. In these days, a web database is widely used through the World Wide Web. We'll study the concepts and types of the database in this chapter.

데이터베이스는 컴퓨터 과학 분야의 주요 이슈 중 하나이다. 초기에는 매우 좁은 영역에서만 쓰였다. 하지만 네트워크 기술의 발전으로 사용 영역이 넓어졌다. 요즘은 월드 와이드 웹을 통해 웹 데이터베이스가 폭넓게 쓰이고 있다. 이 장에서는 데이터베이스의 개념과 종류에 대해 알아보자.

Section 01

Introduction of the Database 데이터베이스 소개

— 01 — The Concept of the Database 데이터베이스 개념

A database is often abbreviated DB. A database is a collection of information organized in such a way that a computer program can quickly select desired pieces of data. You can think of a database as an electronic filing system.

Traditional databases are organized by fields, records, and files. A field is a single piece of information; a record is one complete set of fields; and a file is a collection of records. For example, a telephone book is analogous to a file. It contains a list of records, each of which consists of three fields: name, address, and telephone number.

데이터베이스는 종종 DB라고 축약해서 부른다. 데이터베이스는 컴퓨터 프로그램이 원하는 데이터를 빠르게 선택할 수 있도록 정리된 정보의 수집물이다. 데이터베이스는 전자적으로 파일을 정리하는 시스템으로 생각할 수 있다.

전통적인 데이터베이스는 필드, 레코드, 파일에 의해서 정리된다. 필드는 단일 정보이다. 레코드는 한 개의 완전한 필드 집합이다. 파일은 레코드 집합이다. 예를 들면 전화번호부는 파일과 유사하다. 그것은 이름, 주소와 전화번호라는 세 개의 필드를 포함하는 레코드 목록을 가지고 있다.

Words

- abbreviated 축약된
- collection 수집물
- organize 정리하다
- filing 파일 정리
- complete 완전한
- analogous 유사한
- contain 포함하다

02 The Hypertext Database and DBMS 하이퍼텍스트 데이터베이스와 DBMS

An alternative concept in database design is known as Hypertext. In a Hypertext database, any object, whether it be a piece of text, a picture, or a film, can be linked to any other object. Hypertext databases are particularly useful for organizing large amounts of disparate information, but they are not designed for numerical analysis.

To access information from a database, you need a database management system (DBMS). This is a collection of programs that enables you to enter, organize, and select data in a database.

데이터베이스 설계에서 대안으로 등장한 개념은 하이퍼텍스트로 알려져 있다. 하이퍼텍스트 데이터베이스에서는 텍스트든 그림이든 필름이든 상관없이 모든 객체가 또 다른 임의의 객체와 연결될 수 있다. 하이퍼텍스트 데이터베이스는 특히 대량의 다른 정보를 조직화하는 데 유용하지만 수치 해석용으로 설계된 것은 아니다.

데이터베이스에서 정보에 접근하려면 데이터베이스 관리 시스템(DBMS)이 필요하다. 이것은 여러분이 데이터베이스에서 데이터를 입력하고, 정리하고, 선택할 수 있도록 만든 프로그램 집합이다.

Words

- alternative 대안의, 선택적인
- concept 개념, 생각
- design 설계
- object 객체, 대상
- particularly 특히, 각별히
- disparate 다른, 공통점이 없는
- numerical analysis 수치 해석
- access 접근하다
- management 관리

Tip

데이터베이스

데이터베이스(Database)는 여러 사람이 공유하여 사용할 목적으로 통합해서 관리하는 정보의 집합입니다. 논리적으로 연관된 하나 이상의 데이터 모음으로, 고도로 구조화함으로써 검색과 갱신의 효율성을 높였습니다. 즉, 몇 개의 데이터를 조직적으로 통합하여 데이터의 중복을 없앤 후 이를 구조화하여 저장해 둔 데이터의 집합체입니다.

데이터베이스라는 용어는 1963년 6월 미국 SDC(System Development Corporation)가 산타모니카에서 개최한 '컴퓨터 중심의 데이터베이스 개발과 관리'라는 심포지엄에서 처음 사용되었습니다. 이 심포지엄에서는 데이터 파일에서 정보를 쉽게 검색하는 작업과 관련된 논문이 많이 발표되었고, 당시의 데이터베이스는 단순히 자기테이프와 같은 보조 기억장치에 저장된 데이터 파일을 의미했습니다.

Section 02

The Classification of Database 데이터베이스 분류

01 The Classification of Database 데이터베이스 분류

A database is a collection of information that is organized so that it can easily be accessed, managed, and updated. In one view, databases can be classified according to types of content: bibliographic, text, numeric, and images.

In computing, databases are sometimes classified according to their organizational approach. The most prevalent approach is the relational database, a tabular database in which data is defined so that it can be reorganized and accessed in a number of different ways. A distributed database is one that can be dispersed or replicated among different points in a network. An object-oriented programming database is one that is congruent with the data defined in object classes and subclasses.

Computer databases typically contain aggregations of data records or files, such as sales transactions, product catalogs and inventories. Typically, a database manager provides users the capabilities of controlling read/write access, specifying report generation, and analyzing usage. Databases and database managers are prevalent in large mainframe systems. But they are also presented in smaller distributed workstation and mid-range systems such as the AS/400 and on personal computers. SQL (Structured Query Language) is a standard language for making interactive queries from and updating a database such as IBM's DB2, Microsoft's Access, and database products.

데이터베이스는 쉽게 접근하고 관리하며 갱신할 수 있도록 정리된 정보의 수집물이다. 보는 시각에 따라 데이터베이스를 내용 형태로 분류하면 도서 목록, 텍스트, 숫자, 영상 등이 있다.

컴퓨팅에서 데이터베이스는 데이터베이스 조직에 어떻게 접근하느냐를 두고 분류할 수 있다. 여러 가지 중 가장 널리 알려진 접근 방법은 관계형 데이터베이스로, 데이터를 재구성하고 접근할 수 있도록 표로 만든 데이터베이스이다. 분산 데이터베이스는 네트워크에서 서로 다른 위치로 전파되거나 복제될 수 있다. 객체 지향 프로그래밍 데이터베이스는 객체 클래스와 서브클래스에 정의된 데이터와 일치한다.

컴퓨터 데이터베이스는 일반적으로 판매 내역서, 상품 카탈로그, 물품 명세서와 같은 데이터 레코드나 파일 집합을 포함한다. 전형적으로 데이터베이스 관리자는 사용자에게 읽기/쓰기 접근권을 관리하고, 보고서 작성을 명시하고, 사용량을 분석할 수 있는 권한을 부여한다. 데이터베이스와 데이터베이스 관리자는 큰 메인프레임 시스템에 널리 보급되었다. 그러나 AS/400과 같이 더 작은 분산 워크스테이션과 중간급 시스템 및 개인용 컴퓨터에도 제공되고 있다. SQL(구조화 질의어)은 IBM의 DB2, 마이크로소프트의 액세스, 데이터베이스 제품과 같은 데이터베이스로부터 대화형 질의를 생성하고 데이터베이스를 갱신하는 표준 언어이다.

Words

- collection 수집물
- according to ~에 따라서
- bibliographic 도서 목록의
- numeric 숫자
- organizational 조직의
- prevalent 널리 알려진, 일반적인
- relational 관계형
- tabular 표로 만든, 표를 사용한
- reorganize 재구성하다
- define 정의하다
- distributed 분산된
- disperse 흩어지다; 전파되다
- replicate 복제하다
- congruent 일치하는, 동일한
- inventory 물품 명세서
- aggregation 집합
- typically 일반적으로, 전형적으로
- present 제공하다
- mid-range 중간급의
- interactive 대화형

02 Relational Database 관계형 데이터베이스

A relational database is a collection of data items organized as a set of formally-described tables. And, the data can be accessed or reassembled in many different ways without having to reorganize the database tables. The relational database was invented by E. F. Codd at IBM in 1970.

The standard user and application program interface to a relational database is the structured query language (SQL). SQL statements are used both for interactive queries for information from a relational database and for gathering data for reports.

In addition to being relatively easy to create and access, a relational database has the important advantage of being easy to extend. After the original database creation, a new data category can be added without requiring that all existing applications be modified.

관계형 데이터베이스는 형식적으로 기술된 테이블 집합으로 정리된 데이터 요소들의 모임이다. 그리고 데이터베이스 테이블을 재구성하지 않고도 여러 가지 방법으로 데이터로 접근하거나 다시 모을 수 있다. 관계형 데이터베이스는 1970년에 IBM의 코드(E. F. Codd)가 개발했다.

관계형 데이터베이스에서 표준 사용자 인터페이스와 응용 프로그램 인터페이스는 구조화 질의어(SQL)이다. SQL 구문은 관계형 데이터베이스로부터 나오는 정보를 위한 대화형 질의와 리포트를 위해 데이터를 수집하는 것에 모두 사용된다.

관계형 데이터베이스는 비교적 쉽게 생성하고 접근할 수 있을 뿐만 아니라, 확장이 용이하다는 주요한 장점이 있다. 초기 데이터베이스 생성 이후에는 기존의 모든 응용 프로그램을 수정하지 않아도 데이터 범주를 새로 추가할 수 있다.

Words

- formally 형식적으로
- describe 기술하다, 묘사하다
- reassemble 재구성하다, 재조립하다
- gather 모으다
- relatively 비교적
- category 범주, 카테고리
- require 요구하다
- modify 수정하다, 변경하다

Section 03 Big data 빅데이터

01 Big data 빅데이터

Big data is a buzzword, or catch-phrase, used to describe a massive volume of both structured and unstructured data that is so large it is difficult to process using traditional database and software techniques. In most enterprise scenarios the volume of data is too big or it moves too fast or it exceeds current processing capacity. Despite these problems, big data has the potential to help companies improve operations and make faster, more intelligent decisions.

An example of big data might be petabytes (1,024 terabytes) or exabytes (1,024 petabytes) of data consisting of billions to trillions of records of millions of people—all from different sources (e.g. Web, sales, customer contact center, social media, mobile data and so on). The data is typically loosely structured data that is often incomplete and inaccessible.

빅데이터는 전문적인 유행어나 캐치프레이즈이다. 구조화되거나 비구조화되어 있는 데이터의 거대한 용량으로 기술된다. 그것은 너무나도 커서 전통적인 데이터베이스와 소프트웨어 기술을 사용하기 어렵다. 대부분의 기업 계획안에서는 데이터 용량이 너무 크거나 너무 빠르거나 현재의 실행 능력을 초과한다. 이러한 문제들에도 불구하고, 빅데이터는 회사가 경영을 발전시키고, 좀 더 신속하고 좀 더 지능적인 결정을 할 수 있도록 도와주는 잠재력이 있다.

빅데이터의 예로는 수백만 사람들로부터의 수십억조 기록으로 구성되는 페타바이트(1,024테라바이트)나 엑사바이트(1,024페타바이트)의 데이터가 있다. 이 데이터는 모두 다른 출처로부터 나온 것이다(예를 들면 웹, 판매, 고객서비스센터, 소셜 미디어, 모바일 데이터 등). 이러한 데이터는 일반적으로 불안전하고 접근할 수 없는 느슨하게 구조화된 데이터이다.

Words

- **buzzword** 전문적인 유행어, 현학적인 전문용어
- **catch phrase** 캐치프레이즈, 유행어
- **describe** 기술하다, 설명하다, 평하다
- **massive** 거대한, 엄청나게 큰
- **volume** 용량, 양
- **structured data** 구조화된 데이터
- **unstructured data** 비구조화된 데이터
- **traditional database** 전통적인 데이터베이스
- **enterprise** 기업, 기업 경영
- **scenario** 계획안, 시나리오, 행동 계획
- **current** 지금의, 현재의
- **capacity** 수용 능력, 생산 능력
- **despite** ~에도 불구하고
- **potential** 잠재력이 있는
- **operation** 운영, 경영
- **bilion** 10억
- **trillion** 1조
- **source** 출처
- **customer contact center** 고객서비스센터
- **typically** 일반적으로
- **incomplete** 불안전한, 미완성의
- **inaccessible** 접근할 수 없는

02 Important Factors of Big data 빅데이터의 중요 요소

- Volume

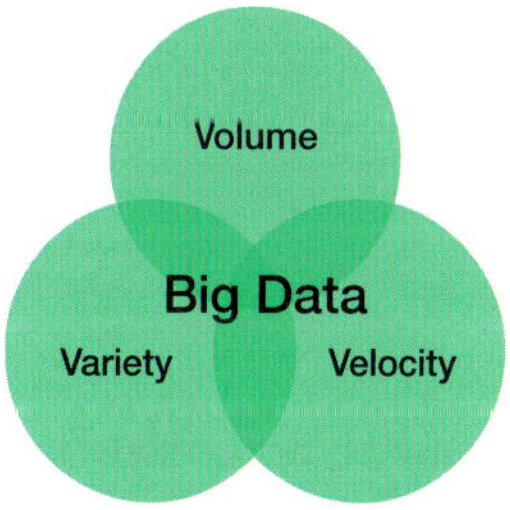

Many factors contribute to the increase in data volume. Transaction-based data stored through the years. Unstructured data streaming in from social media. Increasing amounts of sensor and machine-to-machine data being collected. In the past, excessive data volume was a storage issue. But with decreasing storage costs, other issues emerge, including how to determine relevance within large data volumes and how to use analytics to create value from relevant data.

- Velocity

Data is streaming in at unprecedented speed and must be dealt with in a timely manner. RFID tags, sensors and smart metering are driving the need to deal with torrents of data in near-real time. Reacting quickly enough to deal with data velocity is a challenge for most organizations.

- Variety

Data today comes in all types of formats. Structured, numeric data in traditional databases. Information created from line-of-business applications. Unstructured text documents, email, video, audio, stock ticker data and financial transactions.

Managing, merging and governing different varieties of data are something many organizations still grapple with.

• **용량**

데이터 용량이 증가하는 데 많은 요소가 기여하고 있다. 트랜잭션 기반의 데이터는 수년간 저장될 뿐만 아니라 비구조화된 데이터의 스트리밍은 소셜 미디어로부터 발생한다. 더군다나 증가하고 있는 센서의 양과 기계 간에서 수집되는 데이터의 양은 거대하다. 과거에는 과도한 데이터의 양은 저장장치의 문제였다. 하지만 저장장치의 가격이 하락하면서 대용량 데이터에서 관련성을 어떻게 결정할지, 어떻게 분석학을 적용하여 관련된 데이터로부터 가치를 창출할지 등을 포함하는 다른 문제들이 나타났다.

• **속도**

데이터는 전례가 없는 빠른 속도로 흘러나오고 있는데, 반드시 적시에 다루어져야 한다. RFID 태그, 센서, 스마트 미터링은 마구 쏟아지는 데이터를 근실시간으로 처리할 필요가 있다. 데이터의 속도를 충분히 처리할 수 있을 만큼 즉각적으로 반응하는 것은 대부분의 조직에서의 목표이다.

• **다양성**

오늘날의 데이터는 모든 형식의 유형으로 이루어져 있다. 전통적인 데이터베이스의 수치 데이터는 구조화되어 있다. 업종별 응용 프로그램으로부터 정보가 만들어진다. 그리고 비구조화된 텍스트 문서, 이메일, 비디오, 오디오, 주식 시세 표시기의 데이터, 금융 거래 내역도 있다. 다른 종류의 다양한 데이터를 관리하고 통합하고 운영하는 것은 많은 조직이 아직도 해결하려고 애쓰는 사안이다.

Words

- factor 요소, 요인, 인자
- contribute to ~에 기여하다, 제공하다
- transaction 트랜잭션, 처리, 취급, 거래
- excessive 과도한, 지나친
- streaming (데이터의) 흐름
- emerge 나타나다, 드러나다
- determine 결정하다
- relevance 관련성, 적절성
- analytics 분석학
- value 가치, 유용성
- relevant data 관련된 데이터
- unprecedented 전례가 없는, 신기한, 새로운
- timely manner 적시에, 적절한 때에
- torrent 마구 쏟아짐(퍼부음), 급류
- deal (with) 다루다, 처리하다
- organization 조직, 기구
- challenge 도전, 해볼 만한 일, 노력의 목표
- variety 다양성
- line-of-business 업종별, 영업부문
- stock ticker data 주식 시세 표시기의 데이터
- financial transactions 금융 거래
- manage 관리(경영)하다, 처리하다
- merge 통합하다
- govern 운영하다
- grapple with 해결하려고 애쓰다

Section 04

Web Database 웹 데이터베이스

How about letting yourself and others have access to a company database which is usable from any location that has a browser with an Internet connection?

The Web database concept makes sense if you and your people want to do work in various locations in or outside the office and still be "plugged" in.

For example, you could have employees enter timesheets or have sales reps log their contacts. Or perhaps you'd like customers to be able to check the status of their orders online without having to call the company.

Typically what happens is that a database such as Access or MySQL (basically just consisting of tables) would be put on the Web.

Then "dynamic" Web pages (actually ASP pages which include VBScript, HTML, and/or JavaScript) would be created acting like the old desktop database's queries, forms, and reports to access the database - all hosted on a Web Server.

Dynamic Web pages are similar in many ways to regular HTML pages. But they are "live" because the user can read from and write to information in the database.

인터넷에 연결된 브라우저가 어떤 위치에 있더라도 여러분과 다른 사람이 회사 데이터베이스로 접근할 수 있도록 하려면 어떻게 해야 할까?

만약 여러분과 다른 사람이 사무실 안팎의 다양한 장소에서 "접속"해 일을 하고 싶다면 웹 데이터베이스 개념이 타당할 것이다.

예를 들어 회사에서 직원들에게 출퇴근 시간을 기록하게 하거나 세일즈 담당자들에게 연락 일지를 기록하게 한다고 해 보자. 또는 고객들이 회사에 전화를 걸지 않고도 주문 상황을 온라인으로 확인할 수 있도록 하고 싶을 수도 있다.

이런 경우에는 보통 액세스나 MySQL(기본적으로 테이블로만 구성됨) 같은 데이터베이스를 웹에 올려놓게 된다.

그리고 웹서버에 있는 데이터베이스에 접근하여 기존 데스크톱 데이터베이스의 질의나 양식, 보고서 같은 역할을 하는 "동적" 웹페이지(실제로는 VBScript, HTML, 자바스크립트 등이 들어 있는 ASP 페이지)를 만든다.

동적 웹페이지는 여러 면에서 일반 HTML 페이지와 유사하다. 하지만 사용자가 데이터베이스에서 직접 정보를 읽고 쓸 수 있기 때문에 "살아있는" 웹페이지라고 부른다.

Words

- usable 사용할 수 있는, 쓸모 있는
- location 위치
- browser 브라우저
- various 다양한
- plugged 연결된
- employee 직원, 종업원
- timesheet 출퇴근 시간 기록 용지
- sales rep(representative) 세일즈 담당자
- contact 연락
- typically 보통, 일반적으로
- happen 발생하다
- basically 기본적으로
- dynamic 동적인
- actually 실제로, 사실은
- query 질의, 쿼리
- report 보고서
- regular 표준의, 규칙적인
- similar 유사한

Section 05

Self Check

The power of the WWW comes not simply from static HTML pages - which can be very attractive, and the important first step into the WWW - but especially from the ability to support those pages with powerful software, especially when interfacing to databases. The combination of attractive screen displays, exceptionally easy to use controls and navigational aids, and powerful underlying software, has opened up the potential for people everywhere to tap into the vast global information resources of the Internet.

Words

- simply 단순히, 단지
- static 정적인, 정지 상태의
- attractive 마음을 끄는, 매력적인
- important 중요한
- especially 특히, 특별히
- support 제공하다
- interface 접속하다
- navigational 운항의, 항해의
- aid 원조하다, 돕다
- underlying 기초가 되는, 근원적인
- potential 잠재력, 가능성
- everywhere 어디든지
- tap 가볍게 두드리다
- vast 방대한, 거대한
- resource 자원

There's a number of ways that can be provided for the user to navigate & locate information in an information system, or data resource. At the simplest end of the spectrum, if your data can be structured as a small table and you just want to retrieve records according to one or two field values, then a small custom program will suffice. On the other hand, if you want to be able to search for complex interrelations in the data, then you may need a relational database.

Words

- provide 제공하다
- navigate & locate information 항법과 위치 정보
- simplest simple(간단한)의 최상급
- retrieve (정보를) 검색하다
- custom 주문한, 맞춤
- suffice 충분하다, 족하다
- complex 복잡한
- interrelation 상호 관계
- relational database 관계형 데이터베이스

Section 06

Practical English

01

"Whenever we upgrade our software, I see an increase in productivity. Everyone finds something to do so they don't have to deal with the new software."

"우리가 소프트웨어를 업그레이드할 때마다 생산성이 향상됩니다.
모든 사람이 새로운 소프트웨어를 다루지 않으려고 다른 할 일을 찾기 때문이에요."

Words

- whenever ~할 때는 언제든지, ~할 때마다
- increase 증가
- productivity 생산성, 생산력
- everyone 모든 사람, 누구나
- find 찾다
- don't have to ~을 할 필요가 없다
- deal with 다루다, 처리하다

문장 해설

첫 번째 문장의 주어는 I이고 서술어는 see입니다. 주어와 서술어가 뒤로 간 느낌이죠? 쉼표를 기점으로 절이 두 개로 나뉘었는데, 순서를 바꿔도 의미는 같습니다. 즉 I see an increase in productivity whenever we upgrade our software라고 표현할 수도 있습니다. whenever we upgrade our software를 해석하면 '우리가 소프트웨어를 업그레이드할 때마다'가 됩니다. 그 다음 in productivity는 '생산성에 있어서'라고 해석하므로 '나는 생산성이 증가하는 것을 볼 수 있다'라고 해석합니다.

두 번째 문장의 주어는 Everyone이고 서술어는 finds입니다. 따라서 기본 골격은 '모든 사람은 찾는다'입니다. so 이전 내용은 so 이후의 결과를 초래한 원인으로 분석하면 됩니다. 따라서 모두가 할 일(something to do)을 찾기 때문에 '그들은 새로운 소프트웨어를 다룰 필요가 없다'로 해석합니다.

컴퓨터 사용자는 계속 출시되는 새로운 소프트웨어와 버전이 올라간 소프트웨어를 구매하고, 사용법을 익혀야 합니다. 익숙한 툴을 버리고 기능과 사용법을 새로 익히는 것은 여간 힘든 일이 아닙니다. 물론 젊은 사용자는 비교적 빨리 익히고 적응하겠지만, 나이가 들면 이마저도 쉽지 않습니다.

02

"... and you spent 5.73 years of your life deleting spam from your e-mail."

"... 그리고 당신은 이메일로 온 스팸 메일을 지우는 데 당신의 생애 중 5.73년을 소비했습니다."

Words

- **spent** spend(시간 등을 보내다)의 과거형
- **life** 생애, 인생
- **delete** 지우다, 삭제하다
- **e-mail** 이메일

문장 해설

...으로 시작되는 생략 문장이지만 you부터는 완전한 문장입니다. 즉 이전에 많은 문장이 나열되어 있었다는 것을 짐작할 수 있습니다. 이 문장에서 주어는 you이고 서술어는 spent입니다. 즉 '당신은 (시간을) 보냈다'입니다. 어떤 시간을 보냈다는 말일까요? '당신의 생애 중 5.73년이란 시간을 보냈다'는 말입니다. 무엇을 하면서 보냈는가 하면 바로 스팸 메일 지우기(deleting spam)로 시간을 보냈다는 것입니다. 즉 '당신 이메일로 온 스팸 메일을 지우는 데'로 해석하면 좋습니다.

03

"Information security shouldn't be a problem. I'm using a secret code that only I understand... and even I don't understand it that well!"

"정보 보호는 문제가 될 게 없어요. 오직 나만 이해할 수 있는 비밀 코드를 사용하거든요... 그리고 심지어 나조차도 잘 이해되지 않는다니까요!"

Words

- information security 정보 보호, 정보 보안
- secret code 비밀 코드
- only 오직, 단지
- understand 이해하다
- even 심지어

문장 해설

첫 번째 문장의 주어는 Information security이고 서술어는 shouldn't be입니다. 따라서 '정보 보호는 (문제가) 되지 않을 거야'라고 해석합니다.

두 번째 문장은 현재 진행형(be + ~ing) 형태로 '나는 비밀 코드를 사용하고 있어'가 됩니다. that절은 a secret code를 수식하는 어구입니다. 정리하면 '나는 오직 나만 이해할 수 있는 비밀 코드를 사용하거든요'라고 해석합니다.

04

"If you'd like to know how my day went, go to www.my-boss-is-a-jerk.com!"

"내가 하루를 어떻게 보냈는지 알고 싶다면 www.my-boss-is-a-jerk.com으로 가 보세요(연결해 보세요)!"

Words · **went** go(가다)의 과거형 · **boss** 주인, 상관 · **jerk** 얼간이, 멍청이

문장 해설

앞서 살펴본 가정법 문장입니다. 우선 you'd는 you would의 준말입니다. would like to ~는 '~하고 싶다'로 해석되며 영어에서 자주 사용되는 표현입니다. 여기에서는 know와 함께 사용하였으므로 '알고 싶다(would like to know)'라고 해석합니다. 무엇을 알고 싶은지는 그 뒤에 나옵니다. '어떻게 나의 날이 지나갔는지(how my day went)'입니다. 이것은 '어떻게 내가 하루를 보냈는지'로 해석하면 좋습니다. 즉 '만약 내가 하루를 어떻게 보냈는지 알고 싶다면' 정도로 해석합니다.

다음은 동사인 go가 먼저 나왔기 때문에 명령문 형태로 해석합니다. 웹사이트 이름을 적어 놓고 '그 곳으로 가 보라(연결해 보라)'라고 해석하면 되는데 사이트 이름을 잘 살펴봅시다. www와 com 사이의 내용은 My boss is a jerk로 '내 상관은 얼간이다'라는 뜻입니다.

Tip

도메인명

일반적으로 사용자는 웹사이트에 연결하기 위해 IP 주소가 아닌 도메인명(Domain Name)을 사용합니다. 이러한 도메인명은 업종이나 목적에 맞게 작명하는 경향이 있습니다. 물론 지나치게 긴 이름은 외우기도 힘들고, 입력하기도 번거롭기 때문에 선호하지 않습니다.

05

www.glasbergen.com

"I won't be impressed by technology in the classroom until you figure out how to install Google directly in my brain."

"당신(선생님)이 구글을 내 두뇌에 어떻게 직접 설치해야 하는지를 알아내기 전까지는 제가 교실의 기술에 감명 받지는 않을 겁니다."

Words

- **won't** will not의 준말
- **impress** 감명을 주다
- **technology** 기술
- **classroom** 교실
- **figure out** 알아내다, 해결하다
- **install** 설치하다, 장치하다
- **brain** 두뇌

문장 해설

이 문장은 매우 길므로 끊어서 의미를 파악해보겠습니다. 우선 classroom 다음에 한 번 끊겠습니다. 그럼 첫 부분은 I won't be impressed by technology in the classroom이 됩니다. 이 문장을 다시 한 번 더 끊는다면 어디서 끊을까요? impressed 다음이 좋을 듯합니다. I won't be impressed는 '나는 놀라지 않을 겁니다'라는 뜻이 됩니다. 무엇에 놀랐나요? by technology in the classroom 즉 '나는 교실의 기술에 놀라지 않을 겁니다'라는 의미가 됩니다. 이후에 until이 나오는데 여기에서는 '~하기 전까지는'으로 해석하면 되겠습니다.

06

www.glasbergen.com

"You said I should spend more time with our children, so I turned their faces into icons."

"당신이 나에게 우리 아이들과 더 많은 시간을 함께 보내라고 했잖아. 그래서 나는 아이들 얼굴을 아이콘으로 바꾸었어."

Words

- spend 보내다, 지내다
- children child(아이)의 복수형
- turn into ~로 바꾸다
- icon 아이콘

문장 해설

앞 문장에서 주어는 You이고 서술어는 said입니다. 즉 '당신은 말했다'가 기본 골격입니다. should는 must와 같은 의미로 '반드시 ~ 해야 한다'로 해석합니다. 따라서 '당신이 나에게 우리 아이들과 더 많은 시간을 함께 보내라고 했잖아'로 해석합니다.

뒤 문장인 so 이하 문장에서 주어는 I이고 서술어는 turned입니다. 특히 turn A into B는 'A를 B로 바꾸다'라고 해석합니다. 따라서 '그래서 나는 아이들 얼굴을 아이콘으로 바꾸었어'라고 해석합니다.

응용 문장

본문의 문장을 활용하여 새로운 문장을 만들어 봅시다.

You told me that I needed to spend more time with my computer books, so I turned their covers into icons.

당신이 나에게 컴퓨터 책과 더 많은 시간을 보내라고 해서 나는 책 표지들을 아이콘으로 바꾸었어.

Tip

GUI

GUI(Graphical User Interface)란 사용자가 그래픽을 통해 컴퓨터와 정보를 교환하는 작업 환경을 이르는 말입니다. 이전의 사용자 인터페이스에서는 키보드를 통해 명령어로 작업을 수행하고 화면에 문자로 표시하였으나, GUI에서는 마우스 등을 이용하여 화면의 메뉴 중 하나를 선택하여 작업을 지시합니다.

1980년대 후반부터 IBM PC 및 워크스테이션에도 GUI가 보급되어 현재 컴퓨터에서는 대부분 GUI를 사용하고 있습니다. 마이크로소프트의 윈도우, 애플 매킨토시의 맥 OS가 그 예입니다.

07

"Hello, Bob? It's your father again.
I have another question about my new computer.
Can I tape a movie from cable TV then fax it from my VCR
to my CD-ROM then E-mail it to my brother's cellular phone
so he can make a copy on his neighbor's camcorder?"

"안녕, 밥? 다시 아버지다.
새로 산 내 컴퓨터에 대해 또 다른 질문이 있다.
케이블 TV에 나온 영화를 녹화하고, VCR에서 CD-ROM으로 팩스를 보내고,
내 동생이 이웃 캠코더로 복사본을 만들 수 있도록 동생 휴대폰으로 이메일을 보낼 수 있니?"

Words

- again 다시
- another 다른
- question 질문
- tape a movie 영화를 테이프에 녹화하다
- fax 팩스로 보내다
- VCR (Video Cassette Recorder) 비디오 녹화기
- E-mail 이메일을 보내다
- cellular phone 휴대폰
- neighbor 이웃(집)
- camcorder 캠코더

문장 해설

우선 첫 번째 문장에서 Bob은 사람 이름이기 때문에 B가 대문자로 시작합니다. 그 다음 It's your father again은 '다시 네 아버지란다'라고 해석합니다. 즉 '또 나다'라는 의미입니다. 벌써 전화를 여러 번 했다는 것을 알 수 있는 대목입니다.

그 다음 문장은 쉽죠? '나는 나의 새로운 컴퓨터에 대해서 또 다른 질문이 있다'라고 해석합니다.

세 번째 문장인 Can I tape a movie from cable TV then ~에서 tape는 카세트테이프라는 명사가 아닌 '녹화하다'라는 동사로 쓰였습니다. 또한 then절에 나오는 fax도 마찬가지로 팩스가 아닌 '팩스로 보내다'는 동사로 사용되고 있습니다. 이 부분만 주의하면 쉽게 해석할 수 있습니다.

인터넷 채팅 관용 어구

이 장에서는 인터넷 채팅에서 자주 사용되는 문장과 관용 어구를 살펴봅시다. 채팅을 할 때는 이러한 관용 어구가 많이 사용되므로 아래의 관용 어구들을 익혀 적절히 활용해 봅시다.

- **Greetings** 인사

Greetings!
안녕!

- **visit Seoul** 서울 방문

I am planning to visit Seoul.
나는 서울에 방문할 계획입니다.

- **change the schedule** 일정 변경

I need to change the schedule.
나는 그 일정을 변경할 필요가 있다(나는 그 일정을 변경해야겠어).

- **dinner with him** 그와의 저녁 식사

I am going to have dinner with him tonight.
나는 오늘 밤에 그와 함께 저녁 식사를 할 예정이다.

- **Homestay offer** 민박 제공 (* Homestay: 외국 유학생이 일반 가정에서 지내는 것)

Do you offer a homestay?
홈스테이를 제공해 주나요?

홈스테이를 알선해 주는 업체가 있다고 할 때 위의 예문과 같이 질문할 수도 있겠지만 간단히 Homestay offer?라고 해도 무방합니다.

• **Request a hotel reservation** **호텔 예약 의뢰**

I would like to make a hotel reservation.
호텔을 예약하고 싶어요.

호텔에 투숙하기 위해 호텔 홈페이지를 통하여 채팅을 할 때나 이메일을 보낼 때 예문과 같이 완전한 문장을 적거나 Request to reserve a hotel room이라고 쓰고 자신에게 필요한 정보를 기재하면 됩니다.

• **Appointment with the company** **그 회사와의 약속**

I have an appointment with the company.
나는 그 회사와 약속이 있어요.

• **many thanks to him** **그에게 감사**

• **invitation to a party** **파티 초대**

I invite you to the party.
내가 당신을 그 파티에 초대합니다.

• **reply to the invitation** **초대에 대한 회신**

파티 초대에 대한 답변으로 reply to the invitation이라고 쓰고 그 아래에 참석 여부를 적으면 됩니다.

• 참석할 때 **Thanks for your invitation! I'll be there.**
당신의 초대에 감사합니다! 참석하겠습니다.

• 불참할 때 **Thanks for your invitation! However, I cannot make it. Sorry!**
당신의 초대에 감사합니다! 그러나 나는 갈 수 없겠네요. 미안합니다!

I cannot make it을 직역하면 '나는 그것을 만들 수 없어요'이지만 여기에서는 '갈 수 없다'는 의미로 해석해야 합니다.

• unable to attend **불참**

I am unable to attend.
나는 참석할 수 없겠네요.

• best wishes **축복, 기원**
'축복이 있기를 기원합니다'의 의미로 사용됩니다.

• I moved! **이사했습니다!**

I moved to another place.
나는 다른 곳으로 이사했다.

이 문장을 '나는 (몸을) 움직였어'로 해석하면 안 됩니다. 채팅할 때 상대방이 이렇게 표현했다면 무슨 뜻인지 알아차려야 합니다.

• Thank you for your gift! **선물 감사합니다!**

• order number **주문 번호**
인터넷 쇼핑몰에서 물건을 주문하면 대부분 그 주문에 대해 주문 번호를 부여받게 됩니다. 주문할 때 이를 기억해 두었다가 order number를 요구하면 이를 제시해야 합니다.

• replacement required **교환 필요**
인터넷 쇼핑몰에서 물건을 구입했는데, 물건에 하자가 있어 교환을 요구할 때 사용할 수 있습니다.

• defective shipment **결함 선적품**
교환을 요구할 때 교환의 이유로 사용할 만한 내용입니다.

• missing order number **분실 주문 번호**

• Happy New Year and Merry Christmas! **크리스마스와 신년 축하**

• Happy birthday to you! **생일을 축하합니다!**

- Congratulations! 축하합니다!
- Congratulations on your success in your exam. 시험 합격을 축하합니다.
- Congratulations on your wedding. 결혼을 축하합니다.
- Congratulations on birth of your baby. 아기의 탄생을 축하합니다.
- Congratulations on entering elementary school. 초등학교 입학을 축하합니다.
- Good luck next year! 내년에 행운이 있기를!
- What is your plan for summer vacation? 여름방학 계획이 있습니까?
- My plan for spring vacation 나의 봄방학 계획

Unlocking Big Data For Everyone

모두를 위한 빅데이터의 개방

Oracle Big Data Discovery is a fundamentally new approach to making sense of Big Data, empowering organizations to quickly see and understand the potential of raw data in Hadoop.

오라클의 빅데이터 디스커버리는 조직이 하둡에 있는 원시 데이터의 잠재력을 빠르게 관찰하고 이해할 수 있게 하는, 빅데이터를 본질적으로 이해하는 새로운 접근법이다.

이 문장은 간략히 A is B, empowering organizations to C로 요약할 수 있습니다. 이는 A is B, while it(A) empowers organizations to C의 의미이며 다음과 같이 해석됩니다. 'A는 조직을 C할 수 있도록 하는 B이다' 이때 it은 주어인 Oracle Big Data Discovery를 의미합니다.

Tip **하둡**

하둡(Hadoop)은 빅데이터를 처리하기 위한 병렬분산처리 소프트웨어이며 다수의 서버를 하나의 클러스터로 구성하여 페타바이트급의 대용량 데이터를 처리하는 기술입니다.

연습문제

※ **다음 글을 읽고 질문에 영어로 답하시오.**

In computing, databases are sometimes classified according to their organizational approach. The most prevalent approach is the relational database, a tabular database in which data is defined so that it can be reorganized and accessed in a number of different ways. A distributed database is one that can be dispersed or replicated among different points in a network. An object-oriented programming database is one that is congruent with the data defined in object classes and subclasses.

1 지문에서는 데이터베이스를 세 가지로 분류하였다. 분류 기준을 나타내는 용어를 찾아 적으시오.

____

2 지문에서 소개하고 있는 데이터베이스의 종류 세 가지를 각각 찾아 적으시오.

____

3 tabular database와 관련 있는 데이터베이스의 종류를 적으시오.

____

4 지문에서 설명한 세 가지의 데이터베이스 중 가장 널리 사용되는 종류를 적으시오.

____

5 congruous와 의미가 같으며 '일치하는' 또는 '조화하는'이라는 의미의 단어를 적으시오.

____

※ 다음 문장의 괄호 안에 알맞은 단어를 적으시오.

6 An (   ) concept in database design is known as Hypertext.
(데이터베이스 설계에서 대안으로 등장한 개념은 하이퍼텍스트로 알려져 있다.)

7 A database is a (   ) that is organized so that it can easily be accessed, managed, and updated.
(데이터베이스는 쉽게 접근하고 관리하며 갱신할 수 있도록 정리된 정보의 집합이다.)

8 After the original database creation, a new data category can be added without (   ) that all existing applications be (   ).
(초기 데이터베이스 생성 이후에는 기존의 모든 응용 프로그램을 수정하지 않아도 데이터 범주를 새로 추가할 수 있다.)

9 What is the abbreviation of DB?

____

※ 아래의 글을 참조하여 질문에 한글로 답하시오.

10 What are the 3 basis to organize the traditional databases?
(   )

> Traditional databases are organized by fields, records, and files.

※ [ ] 안의 단어를 활용하여 아래의 문장을 완성하시오.

11 여러분과 다른 사람이 회사 데이터베이스로 접근할 수 있도록 하려면 어떻게 해야 할까?

[others / let / access]

How about ( ) yourself and ( ) have ( ) to a company database?

12 데이터베이스 설계에서 대안으로 등장한 개념은 하이퍼텍스트로 알려져 있다. [know / alternative]

An ( ) concept in database design is ( ) as Hypertext.

해답

1. organizational approach
2. relational database, distributed database, object-oriented programming database
3. relational database
4. relational database
5. congruent
6. alternative
7. collection of information
8. requiring, modified
9. database
10. 필드, 레코드, 파일
11. (letting), (others), (access)
12. (alternative), (known)

기출문제

01 다음 설명이 의미하는 것은?

> It defines how the data are physically arranged on a storage device. It describes the physical storage structure of a database as seen by a system programmer or system designer.

① Conceptual Schema
② External Schema
③ Internal Schema
④ Super Schema

02 다음 설명이 의미하는 것은?

> It is a collection of meta-data describing the structure and constraint of a database. It defines data entities, attributes, relations, and constraints on data manipulation.

① DBMS
② Schema
③ Transaction
④ Domain

03 다음 설명의 의미와 가장 관련 깊은 것은?

> A collection of operations that performs a single logical function in a database application.

① Query
② Recovery
③ Integrity
④ Transaction

04 다음 문장의 괄호 안 내용 ① ~ ⑤에 가장 적합한 항목을 넣으시오.

In computer data processing, a (①) is a collection of data items arranged for processing by a program. The organization of data in the (①) is usually prescribed by the programming language that defines the (①)'s organization and/or by the application that processes it.

A (②) is software that plays the role of an interface between the user and database. A (②) helps manage a database and retrieve user requested data from it. The concept of (②) was introduced to reduce data redundancy and dependency, two of the most significant disadvantages of a file system.

A (③) is an individual or a group of individuals responsible for managing a database system. The tasks of a (③) include: designing, implementing and maintaining a database system, using the database system, and educating employees on the use of the database system.

In (④) database terminology, a row is called a tuple, a column is called an attribute, and the table is called a relation.

A language used to interrogate. (⑤) commands can be used to interactively work with a database. (⑤) can update, insert, delete and select data in database.

05 다음 문장의 괄호 안 내용 ① ~ ⑤에 가장 적합한 항목을 넣으시오.

Data manipulation languages developed for the relational model (commonly called Query Languages) fall into two fundamental groups. The relational algebra is procedural in that the user is expected to specify, using certain high-level operators, how the result is to be obtained.

Relational Algebra consists of a set of operators that operate on relations. It is derived from set theory(relations corresponding to sets). Algebra operations are fundamental relational algebra operators and other that can be defined in terms of these.

(①) produces a horizontal subset of a given relation. The subset consists of all the tuples that satisfy a formula (condition). The selection from a relation R is $\sigma_F(R)$ where R is the relation and F is a formula.

(②) produces a vertical subset of a relation. The result relation contains only those attributes of the original relation over which (②) is performed. Thus the degree of the result is less than or equal to the degree of the original relation. The (②) of relation R over attributes A and B is denoted as $\pi_{A,B}(R)$.

The (③) of two relations R and S (denoted as R∪S) is the set of all tuples that are in R, or in S, or in both. (③) may be used to insert new tuples into an existing relation, where these tuples from one of the operand relations.

The (④) of two relations R of degree k1 and S of degree k2 is the set of (k1+k2)-tuples, where each result tuple is a concatenation of one tuple of R with one tuple of S, for all tuples of R and S. The (④) of R and S is denoted as R×S.

(⑤) of two relations R and S(R∩S) consists of the set of all tuples that are in both R and S. In terms of the basic operators, it can be specified as follows: R∩S=R-(R-S)

01 ③

문제해석: 그것은 데이터가 저장장치에서 어떻게 물리적으로 배열되어 있는지를 나타낸 것이다. 그것은 시스템 프로그래머나 시스템 디자이너에 의해서 보이는 데이터베이스의 물리적 저장구조를 설명한 것이다.

02 ①

문제해석: 그것은 데이터베이스의 구조와 제약사항을 설명한 메타데이터의 집합이다. 그것은 데이터 조작에서의 데이터 엔티티, 속성, 관계, 그리고 제약사항을 정의한 것이다.

03 ④

문제해석: 데이터베이스 응용 프로그램에서 하나의 논리적인 기능을 수행하는 일련의 작업.

04 ① Record ② DBMS ③ DBA ④ Relational ⑤ SQL

컴퓨터 데이터 처리에서, (레코드)는 프로그램에 처리될 수 있도록 정렬된 데이터 모음이다. (레코드)에서 데이터 조직은 보통 (레코드) 조직을 정의하는 프로그래밍 언어에 의해 명령받거나 그것을 처리하는 응용 프로그램에 의해 명령된다.

(DBMS)는 사용자와 데이터베이스 사이의 인터페이스 역할을 하는 소프트웨어이다. (DBMS)는 데이터베이스를 운영하고 데이터베이스에서 요청한 데이터를 검색하는 것을 돕는다. (DBMS)는 파일 시스템의 가장 커다란 단점인 중복성과 종속성을 제거한다.

(DBA)는 데이터베이스 시스템의 운영을 책임지는 개인이나 혹은 그룹을 말한다. (DBA)는 설계, 구현, 데이터베이스 시스템 유지, 데이터베이스 시스템 사용, 데이터베이스 시스템을 사용하는 작업자들을 교육하는 일을 맡고 있다.

(관계형) 데이터베이스 용어로 행을 가리켜 투플(tuple), 열은 속성(attribute), 그리고 테이블은 릴레이션 (relation)이라고 지칭한다.

질의할 때 사용되는 언어이다. (SQL)은 데이터베이스를 대화식으로 이용할 수 있도록 명령한다. (SQL)로 데이터베이스에서 데이터 갱신, 삽입, 삭제와 선택을 할 수 있다.

05 ① Selection ② Projection ③ Union ④ Cartesian product ⑤ ntersection

관계형 모델(일반적으로 QL_Query Language로 불림)을 위해 개발된 데이터 조작 언어는 두 개의 기본 그룹으로 나뉜다. 관계대수(relational algebra)는 절차상 사용자로 하여금 특정 고급 연산자를 사용하여 결과가 어떻게 구해지는지 명시하도록 요구한다.

관계대수는 관계에 작용하는 연산자 집합으로 구성되며, 집합론(집합에 상응하는 관계)에서 파생된다. 대수 연산이란 기본적인 관계형 대수 연산자 및 다음과 같이 정의할 수 있는 항목들이다.

(Selection)은 주어진 릴레이션의 수평적 부분 집합을 생성한다. 부분 집합은 수식(조건)을 충족시키는 모든 투플(tuple)로 구성된다. 릴레이션 R로부터의 선택은 $\sigma_F(R)$이며, 여기에서 R은 릴레이션이고 F는 수식이다.

(Projection)은 릴레이션의 수직적 부분 집합을 생성한다. (Projection)의 실행으로 인한 결과 릴레이션은 원래 릴레이션의 속성만을 포함할 수 있다. 그러므로 결과 릴레이션의 차수는 원래 릴레이션의 차수에 비해 낮거나 동일하다. 속성 A와 B에 관한 릴레이션 R의 (Projection)은 $\pi_{A,B}(R)$로 나타낸다.

두 릴레이션 R과 S(R∪S로 나타낸다)의 (Union)은 R, 또는 S, 또는 모두에 속해 있는 모든 투플의 집합이다. (Union)은 기존의 릴레이션에 새로운 투플을 삽입하는 데 사용할 수 있으며, 여기에서 이 투플들은 피연산자에 해당하는 릴레이션들 중 하나에서 가져오는 것이다.

k1의 차수를 가진 릴레이션 R과 k2의 차수를 가진 릴레이션 S, 이 두 릴레이션의 (Cartesian product)는 (k1+k2)−tuples의 집합이며, 각 결과 투플은 모든 R, S 릴레이션의 투플에 대해 R 릴레이션의 하나인 투플과 S 릴레이션의 투플이 연결된다. R과 S의 (Cartesian product)는 R×S로 나타낸다.

두 릴레이션 R과 S(R∩S)의 (Intersection)은 R과 S 모두에 속해 있는 모든 투플의 집합으로 구성된다. 기본 연산자들로 다음과 같이 표현할 수 있다. R∩S=R−(R−S)

Chapter 08

Artificial Intelligence

Section 01 Introduction to the Artificial Intelligence
Section 02 The Field of the Artificial Intelligence
Section 03 Voice Recognition
Section 04 Self Check
Section 05 Practical English

Intro

— AI (pronounced EI-AYE) or artificial intelligence is the simulation of human intelligence processes by machines, especially computer systems. These processes include learning (the acquisition of information and rules for using the information), reasoning (using the rules to reach approximate or definite conclusions), and self-correction. Particular applications of AI include expert systems, voice recognition, machine vision, and so on.

— (에이-아이로 발음되는) AI 또는 인공지능은 컴퓨터 시스템 같은 기계로 인간의 사고 과정을 시뮬레이션하는 것이다. 이 과정에는 학습(정보를 획득하고 정보를 사용하기 위한 규칙들), 추론(규칙을 써서 근사치나 확실한 결론에 이르는 것)과 자가 수정이 포함된다. AI의 대표적인 응용 분야에는 전문가 시스템, 음성 인식, 머신 비전 등이 포함된다.

Section 01

Introduction to the Artificial Intelligence 인공지능 소개

01 The Concept of the Artificial Intelligence 인공지능 개념

Artificial Intelligence is the branch of computer science concerned with making computers behave like humans. The term was coined in 1956 by John McCarthy at the Massachusetts Institute of Technology.

Artificial intelligence includes

- games playing: programming computers to play games such as chess and checkers
- expert systems: programming computers to make decisions in real-life situations (for example, some expert systems help doctors diagnose diseases based on symptoms)
- natural languages: programming computers to understand natural human languages
- neural networks: systems that simulate intelligence by attempting to reproduce the types of physical connections that occur in animals brains
- robotics: programming computers to see and hear and react to other sensory stimuli

---

인공지능은 컴퓨터를 인간과 같이 행동하도록 하는 것과 관련된 컴퓨터 과학의 한 줄기이다. 이 용어는 1956년에 MIT(Massachusetts Institute of Technology)의 존 매카시에 의해 생겼다.

인공지능은 다음을 포함한다.

- 게임 플레이: 체스와 체커 같은 게임을 하는 컴퓨터 프로그램
- 전문가 시스템: 실제 상황에서 결정을 돕는 컴퓨터 프로그램(예를 들면 증상을 토대로 의사가 질병을 진단하는 것을 돕는 전문가 시스템)
- 자연 언어: 인간 언어를 이해하는 컴퓨터 프로그램

• 신경망: 동물의 뇌에서 발생하는 물리적인 연결 형식을 모방함으로써 지능을 흉내 내는 시스템

• 로봇 공학: 보고 듣는 다른 감각 자극에 반응할 수 있도록 하는 컴퓨터 프로그램

Words

- Artificial Intelligence 인공지능
- branch 줄기, 파생
- concerned with 관련된
- behave 행동하다
- human 인간, 인류
- term 용어
- coin in (신조어 등이) 생겨나다
- chess 체스, 서양 장기의 일종
- checker 체커, 서양 장기의 일종
- decision 결정
- situation 상황
- diagnose 진단하다
- disease 질병
- symptom 증상
- understand 이해하다
- simulate 흉내 내다
- reproduce 모방하다, 재생하다
- connection 연결
- occur 발생하다
- animal 동물
- react 반응하다
- sensory 감각의
- stimuli stimulus(자극)의 복수형

— 02 — The Brief Concept of Artificial Intelligence Field 인공지능 분류의 요약 개념

Currently, no computers exhibit full artificial intelligence (that is, are able to simulate human behavior). The greatest advances have occurred in the field of games playing. The best computer chess programs are now capable of beating humans. In May, 1997, an IBM super-computer called Deep Blue defeated world chess champion Gary Kasparov in a chess match.

In the area of robotics, computers are now widely used in assembly plants, but they are capable only of very limited tasks. Robots have great difficulty identifying objects based on appearance or feel, and they still move and handle objects clumsily.

Natural-language processing offers the greatest potential rewards because it would allow people to interact with computers without needing any specialized knowledge. You could simply walk up to a computer and talk to it. Unfortunately, programming computers to understand natural languages has proved to be more difficult than originally thought. Some rudimentary translation systems that translate from one human language to another are in existence, but they are not nearly as good as human translators. There are also voice recognition systems that can convert spoken sounds into written words, but they do not understand what they are writing; they simply take dictation. Even these systems are quite limited. You must speak slowly and distinctly.

In the early 1980s, expert systems were believed to represent the future of artificial intelligence. To date, however, they have not lived up to expectations. Many expert systems help human experts in such fields as medicine and engineering, but they are very expensive to produce and are helpful only in special situations.

Today, the hottest area of artificial intelligence is neural networks, which are proving successful in a number of disciplines such as voice recognition and natural-language processing.

There are several programming languages that are known as AI languages because they are used almost exclusively for AI applications. The two most common are LISP and Prolog.

현재 완전한 인공지능(인간 습성을 흉내 내는) 컴퓨터는 없다. 가장 많이 발전한 분야는 게임 플레이 영역이다. 최고 수준의 컴퓨터 체스 프로그램이 인간을 이길 수 있게 된 것이다. 1997년 5월 IBM의 딥 블루라는 슈퍼컴퓨터가 세계 체스 챔피언인 게리 카스파로프를 체스 경기에서 이겼다.

로봇 공학 분야에서 컴퓨터는 조립 공장에서 널리 사용되고는 있지만 매우 제한된 작업만 할 수 있다. 로봇은 생김새 또는 감각을 통해 객체를 인식하기가 매우 어렵고, 아직 물건을 옮기거나 다루는 데 서툴다.

자연 언어 처리는 성공하기만 하면 전문 지식 없이도 인간이 컴퓨터와 상호작용을 할 수 있기 때문에 가장 가능성 있는 분야 중 하나이다. 그저 컴퓨터에 말하기만 하면 되기 때문이다. 하지만 불행하게도 컴퓨터가 자연 언어를 이해할 수 있게 해 주는 프로그램을 만드는 일은 처음에 생각했던 것보다 더 어려운 것으로 밝혀졌다. 인간의 언어를 다른 언어로 번역해 주는 기초적인 번역 시스템이 있긴 하지만 번역가로서는 많이 좋지 않다. 인간이 말하는 소리를 글로 바꿔 줄 수 있는 음성 인식 시스템도 있지만 그 글을 이해하는 것이 아니라 그저 받아 적기만 할 뿐이다. 게다가 이런 시스템들은 매우 제한적이다. 천천히 명확하게 말해야만 한다.

1980년대 초에는 전문가 시스템이 인공지능의 미래라고 믿었다. 하지만 오늘날까지도 그 기대에 부응하지 못하고 있다. 의학이나 공학 등에서 다양한 전문가 시스템이 인간을 도와주고 있지만 생산하기 너무 비싸고 특별한 상황에서만 도움이 된다.

오늘날 인공지능에서 가장 인기 있는 분야는 신경망으로, 음성 인식과 자연어 처리 같은 분야에서 성공적인 결과를 보이고 있다.

AI 응용 프로그램에서만 거의 독점적으로 사용되어 AI 언어라고 불리기도 하는 언어가 있다. 가장 일반적인 두 가지는 LISP와 Prolog이다.

Words

- currently 현재, 지금
- exhibit 나타내다, 드러내다
- behavior 습성
- advance 발전
- defeat 이기다, 쳐부수다
- champion 우승자
- match 시합, 경기
- robotics 로봇 공학
- assembly plant 조립 공장
- limited 제한된
- task 작업
- identify 인식하다
- appearance 생김새, 외관
- feel 감각
- handle 다루다
- clumsily 서투르게
- offer 제공하다
- potential 가능성 있는, 잠재적인
- interact 상호작용하다
- specialized 전문화된
- knowledge 지식
- unfortunately 불행하게도
- rudimentary 기초적인, 초보의
- translation 번역
- in existence 현존하는, 존재하는
- translator 번역가
- recognition 인식
- convert 변환하다
- dictation 받아쓰기
- distinctly 명확하게
- expert 전문가
- believe 믿다
- expectation 기대
- medicine 의학
- engineering 공학
- expensive 값 비싼
- successful 성공적인
- exclusively 독점적으로

Section 02 The Field of the Artificial Intelligence 인공지능 분류

— 01 — Expert System 전문가 시스템

An Expert System is a computer application that performs a task that would otherwise be performed by a human expert. For example, there are expert systems that can diagnose human illnesses, make financial forecasts, and schedule routes for delivery vehicles. Some expert systems are designed to take the place of human experts, while others are designed to aid them.

Expert systems are part of a general category of computer applications known as artificial intelligence. To design an expert system, one needs a knowledge engineer, an individual who studies how human experts make decisions and translates the rules into terms that a computer can understand.

전문가 시스템은 전문가가 수행하는 작업을 실행하는 컴퓨터 응용 프로그램이다. 예를 들어 인간의 질병 진단, 재정 예측, 배달 차량의 경로 배정을 하는 전문가 시스템이 있다. 인간 전문가를 대신하도록 설계된 전문가 시스템도 있고, 인간을 지원하도록 설계된 전문가 시스템도 있다.

전문가 시스템은 인공지능이라고 알려진 일반적인 컴퓨터 응용 프로그램 범주의 일부분이다. 전문가 시스템을 설계하려면 실제 전문가가 판단하는 방법을 연구하고, 그 규칙을 컴퓨터가 이해할 수 있는 용어로 번역해 주는 지식 공학자가 필요하다.

Words

- task 작업
- illness 질병
- financial 재정
- forecast 예측, 예상
- delivery 배달
- vehicle 차량
- aid 지원하다
- general 일반적인, 보통의
- make decision 판단하다

Tip

지식 공학자

지식 공학자(Knowledge Engineer)란 전문가의 지식을 전문가 시스템의 지식 베이스로 변환하는 사람입니다. 즉 인공지능에서 특정 분야의 전문가로부터 지식을 끌어내어 전문가 시스템을 위한 지식 베이스를 구축하는 소프트웨어 엔지니어를 말합니다.

전문가 시스템의 구성은 지식 베이스와 추론 엔진(Inference Engine)으로 이루어집니다. 지식 베이스는 전문가가 제공한 고도의 전문적 지식이 축적된 것으로 전문가 시스템의 가장 중요한 부분이라 할 수 있습니다. 추론 엔진은 저장된 지식 베이스를 이용해서 주어진 문제를 추론을 통해 해결합니다. 어떤 분야의 전문가가 자신의 전문적 지식을 지식 베이스에 저장시키는 작업을 지식 습득 과정(Knowledge Acquisition Process)이라고 하며 지식 공학자가 그 일을 담당합니다.

전문가 시스템은 어떤 분야의 전문가의 문제 해결 능력 모델을 컴퓨터 프로그램으로 디자인한 것으로 업무의 일관성, 신뢰도 향상을 가져오며 적은 비용으로 여러 전문가를 고용하는 효과가 있습니다. 예를 들어 은행에서 대출 상한 결정, 투자 적격 여부, 신용도의 판단 등을 전문가 시스템을 통해 구현할 수 있습니다.

02 Natural Language 자연 언어

A Natural Language is a human language. For example, English, French, and Chinese are natural languages. Computer languages, such as Java and C, are not.

Probably the single most challenging problem in computer science is to develop computers that can understand natural languages. So far, the complete solution to this problem has proved elusive, although a great deal of progress has been made. Fourth-generation languages are the programming languages closest to natural languages.

자연 언어는 인간이 사용하는 언어이다. 예를 들어 영어, 불어, 중국어 등이 자연 언어이다. 자바와 C 같은 컴퓨터 언어는 (자연 언어가) 아니다.

아마 컴퓨터 과학에서 가장 도전적인 문제는 자연 언어를 이해할 수 있는 컴퓨터의 개발일 것이다. 지금까지 많은 진척이 있긴 했지만, 이 문제에 대한 완벽한 해결책은 찾기 힘든 것으로 밝혀졌다. 자연 언어에 가장 가까운 프로그래밍 언어는 4세대 언어이다.

Words

- French 불어
- Chinese 중국어
- probably 아마
- challenging 도전적인
- solution 해결책, 해답
- elusive 찾기 힘든, 파악하기 힘든
- progress 진척, 진보

— 03 — Neural Network 신경망

A Neural Network is a type of artificial intelligence that attempts to imitate the way a human brain works. Rather than using a digital model, in which all computations manipulate zeros and ones, a neural network works by creating connections between processing elements, the computer equivalent of neurons. The organization and weights of the connections determine the output.

Neural networks are particularly effective for predicting events when the networks have a large database. Strictly speaking, a neural network implies a non-digital computer, but neural networks can be simulated on digital computers.

The field of neural networks was pioneered by Bernard Widrow of Stanford University in the 1950s. Neural networks are currently used prominently in voice recognition systems, image recognition systems, industrial robotics, medical imaging, data mining and aerospace applications.

신경망은 인간의 뇌가 동작하는 방식을 흉내 내는 것을 시도하는 인공지능의 한 형태이다. 모든 계산을 0과 1로 조작하는 디지털 모델을 사용하기보다, 신경망은 컴퓨터와 동등한 뉴런인 처리 요소들 사이의 연결을 생성함으로써 동작한다. 결합의 구성과 가중치가 출력을 결정하는 것이다.

신경망은 네트워크에 대규모 데이터베이스가 있을 때 사건을 예측하는 데 특히 효과적이다. 엄격히 말하면, 신경망은 비디지털 컴퓨터를 의미하지만 신경망은 디지털 컴퓨터에서 흉내 낼 수 있다.

신경망 분야는 1950년대 스탠포드대학교의 버나드 위드로가 개척했다. 현재 신경망은 음성 인식 시스템, 영상 인식 시스템, 산업용 로봇, 의료 영상, 데이터 마이닝과 항공 우주의 응용에서 두드러지게 사용되고 있다.

Words

- neural 신경의
- attempt 시도하다
- equivalent 동등한
- weight 가중치, 무게
- connection 연결
- particularly 특히
- effective 효과적인
- predict 예측하다
- event 사건
- strictly 엄격히
- imply 의미하다, 암시하다
- prominently 두드러지게, 현저하게
- industrial 산업의
- medical 의학의
- aerospace 항공 우주

Section 03

Voice Recognition 음성 인식

Voice Recognition is the field of computer science that deals with designing computer systems that can recognize spoken words. Note that voice recognition implies only that the computer can take dictation, not that it understands what is being said. Comprehending human languages falls under a different field of computer science called natural language processing.

A number of voice recognition systems are available on the market. The most powerful system can recognize thousands of words. However, they generally require an extended training session during which the computer system becomes accustomed to a particular voice and accent. Such systems are said to be speaker dependent.

Many systems also require that the speaker speak slowly and distinctly and separate each word with a short pause. These systems are called discrete speech systems. Recently, great strides have been made in continuous speech systems - voice recognition systems that allow you to speak naturally. There are now several continuous-speech systems available for personal computers.

Because of their limitations and high cost, voice recognition systems have traditionally been used only in a few specialized situations. For example, such systems are useful in instances when the user is unable to use a keyboard to enter data because his or her hands are occupied or disabled. Instead of typing commands, the user can simply speak into a headset. Increasingly, however, as the cost decreases and performance improves, speech recognition systems are entering the mainstream and are being used as an alternative to keyboards.

음성 인식은 말하는 단어를 인식할 수 있는 컴퓨터 시스템을 설계하는 컴퓨터 과학 분야이다. 음성 인식은 말한 것을 (듣고) 이해하는 것이 아니라, 단지 받아만 쓸 수 있는 컴퓨터를 말한다. 인간의 언어를 이해한다는 것은 자연어 처리라고 불리는 컴퓨터 과학의 또 다른 영역에 해당한다.

여러 음성 인식 시스템을 시중에서 구입할 수 있다. 가장 강력한 시스템은 단어를 수천 개 인식할 수 있다. 그러나 그것은 일반적으로 컴퓨터 시스템이 특정한 음성과 억양에 익숙해지는 확장된 훈련 기간을 요구한다. 그러한 시스템들은 말하는 사람(화자)에 종속적이라고 말한다.

또한 많은 시스템은 말하는 이가 천천히 그리고 명확하게 말하도록 요구하며 각각의 단어를 짧은 단락으로 분리하도록 요구한다. 이러한 시스템을 이산 언어 시스템이라고 한다. 최근 엄청난 발전이 연속적인 언어 시스템 즉, 당신으로 하여금 자연스럽게 이야기할 수 있도록 하는 음성 인식 시스템에서 일어났다. 현재는 개인용 컴퓨터를 위한 여러 가지의 연속적인 언어 시스템을 이용할 수 있다.

음성 인식 시스템은 이러한 한계와 비싼 가격 때문에 전통적으로 전문적인 경우에만 사용되었다. 예를 들면 사용자가 손을 다른 일에 사용하고 있거나, 장애를 입어 데이터 입력에 키보드를 사용할 수 없는 경우 이러한 시스템은 유용하다. 사용자는 명령을 입력하는 대신, 마이크가 달린 헤드폰으로 말하기만 하면 된다. 그러나 점점 가격이 낮아지고 성능이 향상되면서 음성 인식 시스템은 주류로 자리 잡고 있으며, 키보드의 대안으로 사용되고 있다.

Words

- deal with 다루다, 처리하다
- spoken 말로 하는, 구두의
- imply 의미하다
- take dictation 받아쓰다
- comprehend 이해하다
- fall under ~에 해당하다
- thousands 수천의
- generally 일반적으로
- require 요구하다
- extended 확장된
- training 훈련
- session 기간
- dependent 종속적인, 종속 관계의
- stride 진전, 걸음걸이
- speaker 말하는 사람, 화자
- distinctly 명확하게
- pause 단락, 구절 끊기
- naturally 자연스럽게
- several 몇 개의
- traditionally 전통적으로
- instance 경우
- increasingly 점점, 더욱더
- entering 진입
- mainstream 주류
- alternative 대안

Section 04

Self Check

The field of computer science and engineering concerned with creating robots, devices that can move and react to sensory input. Robotics is one branch of artificial intelligence. Robots are now widely used in factories to perform high-precision jobs such as welding and riveting. They are also used in special situations that would be dangerous for humans - for example, in cleaning toxic wastes or defusing bombs.

Words

- concern 관계하다
- react 반응하다
- sensory 감각의
- factory 공장
- precision 정밀도
- welding 용접
- rivet 못을 박다
- dangorouc 위험한
- toxic waste 유독 폐기물
- defuse (폭탄, 지뢰의) 신관을 제거하다
- bomb 폭탄

The term robotics was introduced by writer Isaac Asimov. In his science fiction book I, Robot, published in 1950, he presented three laws of robotics:

- A robot may not injure a human being, or, through inaction, allow a human being to come to harm.
- A robot must obey the orders given it by human beings except where such orders would conflict with the First Law.
- A robot must protect its own existence as long as such protection does not conflict with the First or Second Law.

Words

- term 용어
- writer 작가
- science fiction 과학 소설
- publish 출판하다
- law 규칙
- injure 상처를 입히다
- inaction 정지, 활동 부족
- obey 복종하다
- except ~을 제외하고는
- conflict 충돌
- existence 존재
- protection 보호

Section 05

Practical English

01

"Encryption software is expensive... so we just rearranged all the letters on your keyboard."

"암호화 소프트웨어는 비싸요...
그래서 우리는 그저 당신 키보드의 모든 문자를 재배치했어요."

Words

- encryption 암호화
- expensive 값 비싼, 돈이 드는
- rearrange 재배치하다, 재정리하다
- letter 문자

문장 해설

앞 문장의 주어는 Encryption software이고 서술어는 is입니다. 따라서 '암호화 소프트웨어는 비싸다'로 해석합니다. so 이후의 문장은 주어가 we이고 서술어는 rearranged이므로 '우리는 재배치하였다'라고 해석합니다. 뒤의 on your keyboard는 앞의 letters가 어디에 있는지 장소를 나타냅니다. 결국 '그래서 우리는 그저 당신 키보드의 모든 문자를 재배치했다'로 해석합니다.

02

"여보, 내 생각에 당신은 인터넷에서 시간을 너~무 많이 보내는 것 같아요."

"나는.COM 그렇지.COM 않아.COM"

Words
· dear 여보, 당신 · think 생각하다 · spend 보내다, 소비하다, 낭비하다

문장 해설

dear는 '친애하는, 소중한'의 뜻도 있지만, 이 문장에서는 남편을 부르는 호칭이므로 '여보'로 해석하면 좋을 듯합니다. 이 문장의 기본 골격은 '나는 생각한다'입니다. 그러면 think 이하를 살펴볼까요. you가 주어이고 서술어는 be +~ing 형태의 현재진행형입니다. 따라서 '당신은 보내고 있다(소비하고 있다)'로 해석하면 되겠죠? 다음은 waaaaay라는 단어인데, 의미를 강조할 때 사용하는 방법입니다. way라는 단어에 a를 4개 더 넣어 사용했습니다. 예를 들면 spending waaaaay too much time이라고 하면 '훨~씬 더 많은 시간을 보낸다' 정도로 해석할 수 있습니다. 따라서 여기서는 '여보, 내 생각에 당신은 인터넷에서 시간을 너~무 많이 보내는 것 같아요'라고 해석합니다.

하지만 남편의 대답은 다르죠? 각 문장에서 닷컴을 빼면 I am not(나는 그렇지 않다)이 됩니다. 즉 '나는 인터넷에서 시간을 오래 보내는 게 아니에요'라는 의미입니다.

03

www.glasbergen.com

"I programmed the computer to say that every five minutes."

금방 나갈게요. 아빠

"나는 5분마다 그렇게 말하는 컴퓨터 프로그램을 짰어."

Words

- **in a minute** 금방, 곧
- **program** 프로그램을 짜다, 프로그래밍하다
- **minute** (시간) 분

문장 해설

여학생이 말하는 문장을 살펴보면 기본 골격은 '내가 컴퓨터 프로그램을 짰어'입니다. to say that every five minutes는 '그것을 5분마다 이야기하도록'이라고 해석합니다. 즉 '나는 그것을 5분마다 말하는 컴퓨터 프로그램을 짰어'입니다.

컴퓨터에서 5분마다 말하는 문장 중에서 off는 '나갈 것이다'로 해석하면 되는데, 컴퓨터에서 나가겠다는 의미이므로 결국 컴퓨터를 끄겠다는 말입니다. 그리고 in a minute를 그대로 해석하면 '1분 안에'입니다. 그러나 진짜 1분을 의미하는 것이 아니라 '금방, 곧'이라고 해석하는 것이 맞겠죠? 따라서 컴퓨터는 '금방 나갈게요, 아빠!'라고 말을 한다고 볼 수 있습니다.

Tip

온라인 게임

온라인 게임(On-line Game)은 일반적으로 여러 사용자가 네트워크에 동시에 접속하여 게임을 진행하는 방식으로 이루어집니다. 컴퓨터, 휴대폰, 휴대용 게임기 등 다양한 기기에서 다양한 장르의 온라인 게임이 지원됩니다. 특히 인터넷의 발달로 인해 온라인 게임은 급속도로 성장해 왔습니다. 온라인 게임에는 하드 디스크에 프로그램을 설치해 두고 인터넷 서버에 접속해 즐길 수 있는 머드(MUD, Multiple User Dialogue 혹은 Multiple User Dungeon) 게임, 머그(MUG, Multiple User Graphic) 게임, 브라우저만으로 게임을 할 수 있는 웹 기반의 게임, 휴대폰을 이용하는 모바일 게임 등이 있습니다.

우리나라는 세계 최고 수준에 이르는 초고속 인터넷 및 휴대폰 보급에 힘입어 온라인 게임과 모바일 게임을 포함한 게임 산업의 규모는 영화 및 음악 시장을 합친 것보다 두 배 이상 커졌습니다. 그리고 온라인 게임 리그가 인기를 끌고, 온라인 게임을 전문적으로 중계하는 방송도 있으며, 해외에도 활발히 진출하여 중국과 대만, 일본, 동남아시아뿐만 아니라 미국, 유럽 등으로도 게임을 수출하는 등 온라인 게임의 세계 최강국으로 평가됩니다.

04

www.glasbergen.com

"I've had to reprogram my voice recognition software six times - I hate puberty!"

"나는 내 음성 인식 소프트웨어를 여섯 번이나 다시 프로그래밍해야 했어. 나는 사춘기가 싫어!"

Words

- reprogram 프로그램을 다시 짜다, 다시 프로그래밍하다
- voice 음성, 목소리
- recognition 인식
- software 소프트웨어
- hate 싫어하다, 미워하다, 증오하다
- puberty 사춘기

문장 해설

I've는 I have의 준말입니다. 따라서 기본 골격은 '나는 다시 프로그래밍해야 했어'입니다. 목적어 my voice recognition software는 '내 음성 인식 소프트웨어'라고 해석하면 됩니다. 그리고 six times는 '여섯 번'이라고 해석합니다. 종합하면 '나는 (내) 음성 인식 소프트웨어를 여섯 번이나 다시 프로그래밍해야 했어. 나는 사춘기가 싫어!'입니다.

음성 인식기 또는 음성 인식 소프트웨어는 특정인의 음성 명령을 인식해서 다양한 기능을 조작할 수 있도록 하는 프로그램입니다. 삽화에서도 변성기를 거친 한 학생이 컴퓨터에 자신의 음성을 인식할 수 있는 프로그램을 짜서 사용하고 있습니다. 음성 인식은 음성 주파수를 분석하여 인식하기 때문에 음성에 변화가 생기면 인식률이 떨어집니다. 따라서 이전 버전의 프로그램에서 인식되던 목소리도 변성이 되면 인식률이 떨어져 자신의 목소리에 맞도록 프로그램을 계속 수정해야 합니다.

응용 문장

영어권에서는 I hate ~라는 표현을 자주 사용합니다.

I hate you!

나는 당신을 증오해!

I hate to do it.

나는 그런 것은 하고 싶지 않아.

He hates me for it.

그는 그것 때문에 나를 싫어한다.

05

www.glasbergen.com

"I'm using special effects to improve my wedding videos.
Watch me make my ex-husband disappear!"

"나는 내 결혼 비디오를 더 좋아 보이게 하려고 특수 효과를 사용하고 있어요.
내 전 남편을 사라지도록 만드는 것을 보세요!"

Words

- **special effects** 특수 효과
- **improve** 좋아 보이게 하다, 개선하다
- **wedding** 결혼
- **video** 비디오
- **watch** 보다
- **ex-husband** 전 남편
- **disappear** 사라지다, 없어지다

문장 해설

첫 번째 문장의 주어는 I이고, 서술어는 am using으로 현재진행형입니다. 따라서 '나는 특수 효과를 사용하고 있어'가 기본 골격이 됩니다. to 이하는 목적을 나타냅니다. 즉, to improve my wedding videos를 해석하면 '내 결혼 비디오를 더 좋아 보이게 하려고'가 됩니다. 따라서 첫 번째 문장은 '나는 내 결혼 비디오를 좋아 보이게 하려고 특수 효과를 사용하고 있어'가 됩니다.

그럼 두 번째 문장의 주어와 서술어가 무엇인지 생각해 봅시다. 문장이 watch로 시작했습니다. 이것은 명사형으로 시계라는 의미가 있는데, 그럼 시계가 주어일까요? 물론 아니죠. 여기에서 쓰인 watch는 '보다'라는 의미를 가진 동사입니다. 동사가 문장 앞으로 나왔기 때문에 주어 you가 생략된 명령문이라는 것을 알아차려야 합니다. 즉 기본 골격은 '나를 보세요(Watch me)'입니다. make my ex–husband disappear는 '내 전 남편을 사라지도록 만드는 것을'이라고 해석하면 됩니다. 즉 '내 전 남편을 사라지게 만드는 것을 보세요'로 해석하면 좋습니다.

그림을 편집할 수 있는 포토샵이나 동영상을 편집할 수 있는 프리미어와 같은 멀티미디어 도구로 상상을 초월하는 영상 효과를 연출할 수 있습니다. 삽화에 등장하는 여성과 같이 동영상에서 배경은 그대로 두고 특정인만 삭제하는 작업도 매우 쉽게 처리할 수 있습니다.

06

"The moment we met in the chat room, I could tell that you were better than those other wild animals who hang out there!"

"우리가 채팅 방에서 만난 순간, 나는 당신이 거기서 서성거리는 어떤 야생 동물보다 나았다고 말할 수 있었어."

Words

- **moment** 순간
- **met** meet(만나다)의 과거형
- **wild animal** 야생 동물
- **hang out** 서성거리다, 시간을 허비하다

문장 해설

앞 문장은 we 이후의 문장이 moment를 수식합니다. 뒤 문장의 주어는 I이고 서술어는 could tell이므로 '나는 말할 수 있었다'가 골격입니다. that절을 살펴보면, 주어는 you고 서술어는 were입니다. 다음으로 better than이라는 비교급이 나왔습니다. 즉 '당신은 (다른 야생 동물들보다) 더 나았다'입니다. 이때 who 이하는 앞의 wild animals를 수식합니다.

07

"Our regular program will not be seen tonight because you're probably preoccupied with stressful thoughts about your job and not paying attention anyway."

"당신은 직업에 대한 스트레스가 많은 생각으로 가득 차 어차피 집중하지 않을 테니, 오늘 밤 정규 방송을 방영하지 않을 것입니다."

Words

- tonight 오늘 밤
- because 왜냐하면
- preoccupy 먼저 점유하다, 선취하다
- stressful 긴장이(스트레스가) 많은
- thought 생각
- job 직업
- pay attention 집중하다
- anyway 어쨌든, 하여튼

문장 해설 긴 문장이므로 잘라서 의미를 파악해봅시다. 어디서 자르면 될까요? 네, because 앞에서 자르면 되겠지요. 중요한 구문은 Our regular program will not be seen tonight이며 '우리의 정규 방송은 방영하지 않을 것입니다'라는 뜻입니다. 도대체 왜일까요? 그 이유는 because 다음에 설명해 놓은 문장에 나와 있습니다.

뇌파 측정장치

English

Brain activity tracker

두뇌 활동 탐지기

Emotiv Insight – a sleek, 5-channel, wireless headset that allows you to optimize your brain fitness & performance, and measure & monitor your cognitive health & wellbeing.

이모티브(Emotiv)의 통찰력 – 당신의 두뇌 건강과 능력을 최적화하며 당신의 인지 능력과 웰빙(상태)을 측정 및 기록할 수 있는, 맵시 있는 5–채널 무선 헤드셋

무선 뇌파 측정장치를 생산하는 이모티브 회사 웹페이지의 광고입니다. 뇌파 측정장치는 두피에 센서를 여러 개 장착한 상태에서 채널별로 EEG(Electroencephalography)라는 뇌파 자료를 수집하여 컴퓨터 같은 장치에서 이를 분석합니다. 뇌의 영역마다 역할이 달라 센서가 12개이거나 24개인 헤드셋도 있지만 그림처럼 특정 기능을 측정하기 위한 센서가 5개인 헤드셋도 있습니다.

연습문제

※ 다음 설명에 해당하는 용어를 보기에서 고르시오.

games playing, expert systems, natural languages, neural networks, robotics

1 Programming computers to make decisions in real-life situations

____

2 Programming computers to understand natural human languages

____

3 Systems that simulate intelligence by attempting to reproduce the types of physical connections that occur in animal brains

____

※ 괄호 안에 알맞은 단어를 넣어 다음 문장을 완성하시오.

4 (   ) is the branch of computer science concerned with making computers behave like humans.
(인공지능은 컴퓨터를 사람과 같이 행동하도록 하는 것과 관련된 컴퓨터 과학의 한 줄기이다.)

5 (   ) are part of a general category of computer applications known as artificial intelligence.
(전문가 시스템은 인공지능이라고 알려진 일반적인 컴퓨터 응용 프로그램 범주의 일부분이다.)

6 Probably the single most (   ) in computer science is to develop computers that can understand natural languages.
(아마 컴퓨터 과학에서 가장 어려운 문제가 바로 자연 언어를 이해할 수 있는 컴퓨터를 개발하는 일일 것이다.)

7 (   ), a neural network implies a (   ), but neural networks can be simulated on digital computers.
(엄격히 말하면, 신경망은 비디지털 컴퓨터를 의미하지만, 신경망은 디지털 컴퓨터에서 흉내 낼 수 있다.)

8 Voice Recognition is the field of computer science that deals with designing computer systems that can (   ) spoken (   ).
(음성 인식은 말하는 단어를 인식할 수 있는 컴퓨터 시스템을 설계하는 컴퓨터 과학 분야이다.)

※ [ ] 안의 단어를 활용하여 아래의 문장을 완성하시오.

9 최고 수준의 컴퓨터 체스 프로그램이 인간을 이길 수 있게 되었다. [capable / beat / best]
The (   ) computer chess programs are now (   ) of (   ) humans.

10 컴퓨터가 자연 언어를 이해할 수 있게 해 주는 프로그램을 만드는 일이 처음에 생각했던 것보다 더 어려운 것으로 밝혀졌다. [prove / understand / than]
Programming computers to (   ) natural languages has (   ) to be more difficult (   ) originally thought.

11 사용자는 명령을 입력하는 대신, 마이크가 달린 헤드폰으로 말하기만 하면 된다.
[instead / type / speak]
(   ) of (   ) commands, the user can simply (   ) into a headset.

※ 아래의 글을 참조하여 질문에 한글로 답하시오.

12 Where are the computers now widely used in the area of robotics?

(　　　　　　　　　　　　　)

In the area of robotics, computers are now widely used in assembly plants.

해답

1 expert systems

2 natural languages

3 neural networks

4 Artificial intelligence

5 Expert systems

6 challenging problem

7 Strictly speaking, non–digital computer

8 recognize, words

9 (best), (capable), (beating)

10 (understand), (proved), (than)

11 (Instead), (typing), (speak)

12 조립 공장

기출문제

01 There are several properties that atomic transactions should possess. These properties need be enforced by the concurrency control and recovery methods of the DBMS. Which is not included?

① Isolation
② Consistency
③ Constraints
④ Durability

02 다음 영문이 설명하는 사람으로 가장 적절한 것은?

> A person responsible for the design and management of the database and for the evaluation, section, and implementation of the database management system.

① database administrator
② end-user
③ system engineer
④ application programmer

03 What is the entity type definition correctly?

① a set of attributes that have the same entities
② a set of entities that have the same domains
③ a set of attributes that have the same domains
④ a set of entities that have the same attributes

04 다음 문장의 괄호 안 내용 ① ~ ⑤에 가장 적합한 항목을 넣으시오.

A (①) record is a type of resource record in the Domain Name System (DNS). This helps when running multiple services (like an FTP and a web server: each running on different ports) from a single IP address. Each service can then have its own entry in DNS (like ftp.example.com. and www.example.com).

A (②) is now used as an umbrella term for computer data storage schemes that can divide and replicate data among multiple hard disk drives. The different schemes/architectures are named by the word (②) followed by a number, as in (②) 0, (②) 1, etc. (②)'s various designs involve two key design goals: increase data reliability and/or increase input/output performance. When multiple physical disks are set up to use (②)technology, they are said to be in a (②) array.

(③) consists of the processes a company uses to track and organize its contacts with its current and prospective customers. (③) software is used to support these processes: information about customers and customer interactions can be entered, stored and accessed by employees in different company departments. Typical (③) goals are to improve services provided to customers, and to use customer contact information for targeted marketing.

In computer networks, a (④) is a computer system or an application program that act as an intermediary for requests from clients seeking resources from other servers. A client connects to the (④), requesting some service, such as a file, connection, web page, or other resource, available from a different server. The (④) evaluates the request according to its filtering rules. A (④) may optionally alter the client's request or the server's response, and sometimes it may serve the request without contacting the specified server. In this case, it 'caches' responses from the remote server, and returns subsequent requests for the same content directly.

In the field of computer security, (⑤) is the criminally fraudulent process of attempting to acquire sensitive information such as usernames, passwords and credit card details by masquerading as a trustworthy entity in an electronic communication. (⑤) is typically carried out by e-mail or instant messaging, and it often directs users to enter details at a fake website whose look and feel are almost identical to the legitimate one.

01 ③

문제해석: 원자적인 트랜잭션이 가져야만 하는 몇 가지 항목이 있다. DBMS의 병행 제어와 복구 방법에 의해서 강제될 필요가 있다. 어느 것이 포함되지 않는가?

02 ①

문제해석: 데이터베이스의 디자인과 관리 그리고 평가, 선택, 데이터베이스 관리 시스템의 수행에 책임이 있는 사람.

03 ①

문제해석: 엔티티 타입을 맞게 정의한 것은?

① 같은 개체를 갖는 속성들의 집합

② 같은 도메인을 갖는 개체들의 집합

③ 같은 도메인을 갖는 속성들의 집합

④ 같은 속성을 갖는 개체들의 집합

04 ① CNAME ② RAID ③ CRM

④ Proxy Server ⑤ Phishing

(CNAME) 레코드는 도메인 네임 시스템(DNS) 안에 있는 자원 레코드의 한 종류다. 이것은 단일 IP 주소로부터 다중 서비스 (예를 들어 FTP와 웹서버: 각각의 서로 다른 포트를 사용하여 실행됨)를 실행할 때 도움이 된다. 각 서비스는 DNS 안에 자신의 엔트리(예를 들어 ftp.example.com과 www.example. com)를 가질 수 있다.

(RAID)는 다중 하드디스크 드라이브들 사이에서 데이터를 나누고 중복할 수 있도록 하는 컴퓨터 데이터 저장 장치 체계에 대한 포괄 용어로 사용된다. 이들의 상이한 체계/구조는 (RAID) 0, (RAID) 1 등과 같이 (RAID) 다음에 숫자를 붙인 단어로 명명한다. (RAID)의 다양한 설계는 데이터 신뢰성 증대 또는/그리고 입출력 성능 증대라는 두 개의 주요 설계 목적을 포함한다. 다수의 물리적 디스크들이 (RAID) 기술을 사용하도록 설치될 경우, 이들을 (RAID) 배열이라고 부른다.

(CRM)은 회사가 현재의 고객과 잠재적 고객과의 접촉을 추적하고 구성하는 데 사용하는 절차들로 구성된다. (CRM) 소프트웨어는 이러한 절차들을 지원하는 데 사용된다. 고객 및 고객과의 상호 접촉에 관한 정보는 회사 내 서로 다른 부서에 근무하는 직원들에 의하여 입력되고 저장되며 접근될 수 있다. 대표적인 (CRM) 목표는 고객에게 전달되는 서비스를 개선하며, 목표가 정해진 마케팅을 위해 관련 고객과의 접촉 정보를 사용하는 것이다.

컴퓨터 네트워크에서 (프록시 서버)는 다른 서버들로부터 자원을 구하는 클라이언트들이 발생시킨 요구에 대해 중개자처럼 행동하는 컴퓨터 서비스, 혹은 응용 프로그램이다. 클라이언트는 파일이나 연결, 웹 페이지, 기타 자원 등 다른 서버들로부터 가용 서비스들을 요구하면서 (프록시 서버)에 접근한다. (프록시 서버)는 필터링 규칙에 따라 이러한 요구들을 평가한다. (프록시 서버)는 선택적으로 클라이언트의 요구 혹은 서버의 요청을 변경할 수 있고 때로는 특정한 서버와 연결 없이도 요청을 수행할 수 있다. 이 경우 원격지 서버로부터 응답을 '캐시'에 저장하여 동일한 콘텐츠에 대한 연속적인 요구들에 직접 반환하게 된다.

컴퓨터 보안 영역에서 (피싱)은 전자 통신에 있어서 믿을 수 있는 실체로 가장하여 사용자 이름, 패스워드, 신용카드 항목과 같은 민감한 정보를 얻고자 시도하는 범죄적 사기 행위이다. 보통 (피싱)은 이메일이나 인스턴트 메시징을 통해 이루어지며, 합법적인 웹사이트와 거의 동일하게 보이고 느껴지는 가짜 웹사이트에 사용자로 하여금 상세한 항목들을 입력하도록 유도한다.

Reference

Chapter 01

- www.atis.org
- 『Peter Norton's Introduction to Computers』
- http://sandbox.parc.com/ubicomp/
- http://www.pccomputernotes.com/monitors/monitors1.htm
- http://www.pccomputernotes.com/connectors&ports/ports.htm
- http://www.extremetech.com/

Chapter 02

- http://windows.microsoft.com/en-us/windows/history#T1=era1
- http://www.networkdictionary.com/networking/nos.php
- http://www.webopedia.com/TERM/U/Unix.html
- http://www.webopedia.com/TERM/L/Linux.html
- http://www.networkdictionary.com/software/windowsos.php
- http://searchmobilecomputing.techtarget.com/definition/iOS
- http://ipad.about.com/od/iPad-Glossary/g/What-Is-iOS.htm
- http://searchcio-midmarket.techtarget.com/sDefinition/0,,sid183_gci212714,00.html

Chapter 03

- http://www.webopedia.com/TERM/P/Programming_language.html
- http://www.webopedia.com/TERM/C/C.html
- http://www.webopedia.com/TERM/C/C_plus_plus.html
- http://www.webopedia.com/TERM/J/Java.html
- http://www.webopedia.com/TERM/C/C_sharp.html
- http://searchwin2000.techtarget.com/sDefinition/0,,sid1_gci212681,00.html
- http://www.webopedia.com/TERM/V/Visual_Basic.html

Chapter 04

- http://www.webopedia.com/
- http://webopedia.com/TERM/N/network.html
- http://www.webster.edu/philosophy/~umbaugh/courses/frosh/dairy/mitnick.htm

Chapter 05

- http://www.webopedia.com/
- http://whatis.techtarget.com/definition/Facebook
- http://whatis.techtarget.com/definition/Twitter
- http://www.cc.boun.edu.tr/network_security.html
- http://dictionary.reference.com/browse/phishing
- http://www.computerhope.com/jargon/c/cookie.htm
- http://www.cc.boun.edu.tr/network_security.html
- http://www.linktionary.com/a/arpanet.html
- http://www.cisco.com/univercd/cc/td/doc/cisintwk/ito_doc/ip.htm
- http://www.cisco.com/en/US/docs/internetworking/technology/handbook/Internet-Protocols.html
- http://www.cisco.com/c/en/us/index.html

Chapter 06

- http://searchwebservices.techtarget.com/sDefinition/0,,sid26_gci212612,00.html
- http://whatis.techtarget.com/definition/0,,sid9_gci213125,00.html
- http://searchsmallbizit.techtarget.com/
- http://www.webopedia.com/
- http://whatis.techtarget.com/definition/drone
- http://www.pccomputernotes.com/inside.htm
- http://www.computerhope.com/help/video.htm

Chapter 07

- http://www.webopedia.com/TERM/d/database.html
- http://searchsqlserver.techtarget.com/definition/database
- http://searchsqlserver.techtarget.com/definition/relational-database
- http://www.webopedia.com/TERM/B/big_data.html
- http://www.sas.com/en_us/insights/big-data/what-is-big-data.html
- http://www.bullschmidt.com/concept.asp
- http://www.wdvl.com/Authoring/DB/

Chapter 08

- http://www.webopedia.com/
- http://www.webopedia.com/TERM/E/expert_system.html
- http://www.webopedia.com/TERM/N/natural_language.html
- http://www.webopedia.com/TERM/N/neural_network.html
- http://www.webopedia.com/TERM/V/voice_recognition.html
- http://www.webopedia.com/TERM/r/robotics.html

Glossary

Chapter 01

Data | 데이터

재료, 자료, 논거라는 뜻인 datum의 복수형. 정보 작성을 위하여 필요한 자료를 말하는 것으로, 아직 특정의 목적에 대하여 평가되지 않은 상태의 단순한 여러 사실을 뜻함

ENIAC | 에니악

미국에서 완성한 진공관 컴퓨터

Hardware | 하드웨어

컴퓨터에서 보고 만질 수 있는 부품인 전자 장치로 구성된 부분

Software | 소프트웨어

프로그램이라고도 하며, 컴퓨터를 조정하기 위해 구성된 명령어 집합으로 이루어짐

IC | Integrated Circuit, 집적 회로

많은 전자 회로 소자가 하나의 기판(substrate) 위 또는 기판 자체에 분리가 불가능한 상태로 결합되어 있는 초소형 구조의 기능적인 복합적 전자 소자 또는 시스템

Information | 정보

생활 주체와 외부의 객체 간의 사정이나 정황에 관한 보고. 데이터를 일정한 프로그램에 따라 컴퓨터가 처리 및 가공함으로써 특정 목적을 달성하는 데 필요한 정보를 생산

Interface | 인터페이스

사물 간 또는 사물과 인간 간의 의사소통이 가능하도록 일시적 혹은 영속적인 접근을 목적으로 만들어진 물리적, 가상적 매개체

Mark Wiser | **마크 와이저**

1988년경 제록스에 근무하면서 유비쿼터스라는 개념을 최초로 제안한 사람

Microprocessor | **마이크로프로세서**

컴퓨터의 연산 장치와 제어 장치를 한 개의 작은 실리콘 칩에 집적시킨 처리 장치

RAM | Random Access Memory, **램**

플립-플롭으로 구성된 메모리 소자를 임의로 지정하여 데이터를 해독 및 기록할 수 있는 주기억 장치

ROM | Read Only Memory, **롬**

한 번 기록한 후에는 빠른 속도로 읽어 내는 것만을 허용하고 다시 기록하는 행위는 금하거나 극히 제한하는 기억 장치

Ubiquitous | **유비쿼터스**

사용자가 네트워크나 컴퓨터를 의식하지 않고 장소에 상관없이 자유롭게 네트워크에 접속할 수 있는 정보 통신 환경

UNIVAC | **유니박**

세계 최초로 진공관을 사용한 컴퓨터

Chapter 02

Application Program | **응용 프로그램**

프로그램 중에서 특정한 업무를 해결하기 위한 목적을 가지고 만들어진 프로그램

Android | **안드로이드**

휴대전화를 비롯한 휴대용 장치를 위한 운영체제와 미들웨어, 사용자 인터페이스 그리고 표준 응용 프로그램을 포함하고 있는 소프트웨어 스택이자 모바일 운영체제

Copyright | **저작권**

문학, 학술 또는 예술의 범위에 속하는 창작물인 저작물에 대한 배타적/독점적 권리

GUI | graphical user interface

사용자가 그래픽을 통해 컴퓨터와 정보를 교환하는 작업 환경

iOS

아이폰, 아이패드, 아이팟 같은 터치식 기기에서 동작하는 애플의 모바일 운영체제

Linux | **리눅스**

워크스테이션이나 개인용 컴퓨터에서 주로 사용되는 유닉스와 유사한 운영체제

Multitasking | **멀티태스킹**

한 사람의 사용자가 컴퓨터 한 대로 두 가지 이상의 작업을 동시에 처리하거나 프로그램들을 동시에 구동시키는 것

Networking | **네트워킹**

사람들이 이루는 여러 종류의 일을 횡적으로 연결하여 그물코(네트워크)와 같은 관계를 형성하는 일

NOS | Network Operating System

근거리 통신망(LAN)과 같은 통신망을 관리하고 제어할 수 있도록 만들어진 시스템 소프트웨어

OS | Operating System, **운영체제**

컴퓨터 시스템의 전반적인 동작을 제어하고 조정하는 시스템 프로그램들의 집합

Search Engine | **검색 엔진**

인터넷상에서 자료를 쉽게 찾을 수 있게 도와주는 소프트웨어 또는 웹사이트

Steve Jobs | **스티브 잡스**

애플 회사의 공동 창립자

Peripheral Device | **주변 장치**

컴퓨터 시스템에서 중앙 처리 장치(CPU)에 접속되는 모든 입출력 장치와 보조 기억 장치

Unix | **유닉스**

1969년에 미국의 전신 회사인 AT&T의 벨 연구소에서 개발한 운영체제

Window | **윈도우**

마이크로소프트가 개발한 컴퓨터 운영체제

Chapter 03

4GL | Fourth Generation Language, 4세대 언어

순차형 언어 이후의 프로그래밍 언어들을 가리키는 말. 기계어와 훨씬 멀어진 언어이며, 인간의 언어에 가장 가까운 컴퓨터 언어로 표현

Assembly Language | **어셈블리 언어**

기계어의 단점을 극복하고 작성 과정이 편리하도록 개발한 기호 언어

C

벨 연구소의 데니스 리치가 유닉스 운영체제에서 사용하기 위해 개발한 프로그래밍 언어

C++

C 언어의 기능을 확장하여 만든 객체 지향형 프로그래밍 언어

C#

C와 C++가 혼합된 형태로, 마이크로소프트가 썬의 자바 언어와 경쟁하기 위해 개발된 언어

Compiler | 컴파일러

고급 언어로 쓰여진 프로그램을 그와 의미적으로 동등하며 컴퓨터에서 즉시 실행될 수 있는 형태의 목적 프로그램으로 바꿔 주는 번역 프로그램

CPU | Central Processing Unit, 중앙 처리 장치

명령어의 해석과 자료의 연산, 비교 등의 처리를 제어하는 컴퓨터 시스템의 핵심적인 장치

FORTRAN | 포트란

1954년에 IBM 704에서 과학적인 계산을 하기 위해 시작된 프로그래밍 언어

Java | 자바

썬 마이크로시스템즈에서 개발한 객체 지향의 프로그래밍 언어

Machine Language | 기계어

컴퓨터가 직접 판독 가능한 이진 숫자로 된 프로그래밍 언어

Object-Oriented Programming | 객체 지향 프로그래밍

C, 파스칼, 베이직 등과 같은 절차형 언어(procedure-oriented programming)가 크고 복잡한 프로그램을 구축하기 어렵다는 문제점을 해결하기 위해 탄생. 기능보다 객체, 논리보다 데이터 위주로 구성되어 있는 프로그래밍 언어 모델

Chapter 04

Cloud Service | 클라우드 서비스

각종 자료를 사용자의 PC나 스마트폰 등 내부 저장공간이 아닌, 외부 클라우드 서버에 저장한 뒤 다운로드받는 서비스

Computer Network | **컴퓨터 네트워크**

컴퓨터와 네트워크가 결합된 데이터 통신 시스템

Cracker | **크래커**

컴퓨터 네트워크에 무단 침입하거나, 파괴·변조 등의 악의적 행위를 하는 사람

Data Communication | **데이터 통신**

전기 통신 회선을 통하여 서로 접속하여 2진수로 표시된 디지털 형태의 정보로 교신하는 것

Ethernet | **이더넷**

LAN을 위해 개발된 컴퓨터 네트워크 기술로 가장 널리 쓰이는 프로토콜의 한 형식

Hacker | **해커**

타인의 컴퓨터에 불법으로 접근하여, 컴퓨터에 고장을 일으키게 하거나 컴퓨터에 수록된 정보를 탐지하고 자료를 변조 또는 파괴하는 사람

Hacking | **해킹**

컴퓨터 시스템에 불법으로 접근하여 데이터를 빼내거나 파괴하는 행위

IoT | Internet of Things

일상적인 생활에서 사용하는 사물들을 유·무선 네트워크로 연결해 정보를 공유하는 환경

Kevin Mitnick | **케빈 미트닉**

미국 출신의 유명한 해커

P2P | Peer-to-Peer Network, **동등 계층 간 통신망**

네트워크를 구성하는 각 노드가 동등한 기능과 자격을 갖는 네트워크로 오디오나 비디오, 데이터 등 임의의 디지털 형식 파일의 공유에 보편으로 쓰임

Protocol | **프로토콜**

컴퓨터 간에 정보를 주고받을 때의 통신 방법에 대한 규칙과 약속

Security Technology | **보안 기술**

사이버 범죄 억제, 정보 기술 및 정보 자산의 보호 등을 목적으로 하는 각종 기술 및 시스템

Telecommunication | **전기 통신**

두 지점 또는 그 이상의 지점 사이에서 부호, 음향, 영상 등 모든 정보를 전기 또는 전자기적 방식을 통하여 주고받고 교류하는 작용의 총칭

Topology | **토폴로지**

컴퓨터 네트워크의 요소들(링크, 노드 등)을 물리적으로 연결해 놓은 것, 또는 그 연결 방식

Chapter 05

ARPANET | Advanced Research Projects Agency Network, **알파넷**

1969년에 미국국방부의 고등연구계획국(ARPA, Advanced Research Projects Agency)에 의해 개발된 컴퓨터 네트워크

Broadcasting | **방송**

전파에 의한 매스커뮤니케이션 중의 하나

Browser | **브라우저**

인터넷에서 웹서버의 하이퍼텍스트 문서를 볼 수 있게 해 주는 프로그램

Chrome | **크롬**

구글이 개발 중인 프리웨어 웹브라우저

Client Server | 클라이언트 서버

클라이언트를 서비스 요구자로, 서버를 서비스 제공자의 형태로 네트워킹하여 자원을 공유하는 분산 처리 기법

Cookie | 쿠키

웹사이트에 접속할 때 자동적으로 만들어지는 임시 파일로 인터넷 웹사이트의 방문 기록을 남겨 사용자와 웹사이트 사이를 매개해 주는 정보

E-mail | 이메일

컴퓨터 통신망을 이용하여 컴퓨터 사용자 간에 편지나 여러 정보를 주고받는 개인 통신 방법

Facebook | 페이스북

세계 최대의 소셜 네트워크 서비스

FTP | File Transfer Protocol

인터넷상에서 한 컴퓨터에서 다른 컴퓨터로 파일 전송을 지원하는 프로토콜

Gateway Unit | 게이트웨이 장치

프로토콜이 다른 통신망을 상호 접속하기 하기 위한 장치

HTML | Hypertext Markup Language

월드 와이드 웹에서 하이퍼텍스트 문서를 만들기 위하여 사용되는 기본 언어

IETF | Internet Engineering Task Force

인터넷 표준 규격을 개발하고 있는 미국 IAB(Internet Architecture Board)산하의 조사위원회

Internet | 인터넷

알파넷(ARPANET)에서 시작된 세계 최대 규모의 컴퓨터 통신망

Internet Explorer | **인터넷 익스플로러**

미국 마이크로소프트에서 개발한 인터넷 웹브라우저

Internetwork | **인터네트워크**

통신망의 집합 또는 광역 통신망

Intranet | **인트라넷**

인터넷 기술과 프로토콜을 이용하여 조직 내부의 업무를 통합하는 정보 시스템

ISP | Internet Service Provider

인터넷 서비스 제공 사업자

IoE | Internet of Everything

만물인터넷

RFC | request for comments

IETF(Internet Engineering Task Force)에서 발표하는 인터넷 기술과 관련된 공문서 간행물

Server | **서버**

근거리 통신망(LAN)에서 집약적인 처리 기능을 서비스하는 서브시스템

SMTP | Simple Mail Transfer Protocol

인터넷에서 이메일을 전송할 때 이용되는 표준 프로토콜

SNS | Social Network Service

사용자 간의 자유로운 의사소통과 정보 공유, 그리고 인맥 확대 등을 통해 사회적 관계를 생성하고 강화시켜주는 온라인 플랫폼

Phishing | **피싱**

인터넷을 통해 개인 정보를 알아내어 그들의 돈을 빼돌리는 사기

TCP/IP | Transmission Control Protocol/Internet Protocol

인터넷상에서 호스트들을 서로 연결하는 데 사용되는 통신 프로토콜

Telnet | **텔넷**

인터넷을 통하여 원격지의 호스트 컴퓨터에 접속할 때 지원되는 인터넷 표준 프로토콜

WWW | World Wide Web, **월드 와이드 웹**

인터넷 망에서 쉽게 정보를 찾을 수 있도록 고안된 방법 또는 세계적인 인터넷 망

Chapter 06

Animation Film | **애니메이션 영화**

그림이나 인형 등 실제로 움직이지 않는 대상을 조금씩 그 자세나 위치를 바꾸면서 한 장면씩 촬영하여 영사상의 동작을 나타내는 방법으로 제작한 영화

ASCII | American Standard Code for information interchange, **아스키 코드**

미국에서 표준화가 추진된 정보 교환용 7비트 부호

CD-ROM | Compact Disc Read Only Memory

음악용 CD를 이용해 싼 값에 많은 양의 정보를 기억할 수 있도록 한 컴퓨터 데이터 저장 기구

Contents | **콘텐츠**

인터넷이나 컴퓨터 통신 등을 통하여 제공되는 각종 정보나 그 내용물

Drone | 드론

조종사 없이 무선전파로 조종할 수 있는 무인 항공기(UAV: Unmanned Aerial Vehicle). 초기에는 군사용으로 개발하였으나 지금은 카메라와 다양한 센서를 부착하여 민간용 및 택배 배달에 활용

Feature Phone | 피처폰

스마트폰에 비해 컴퓨팅 능력은 떨어지나 일반 휴대전화에 비해서는 성능이 보강된 저가의 휴대전화

HDTV | High-Definition TeleVision, 고화질 텔레비전

기존의 텔레비전에 비해 화면의 선명도가 월등히 향상된 텔레비전과 그 기술

Multimedia | 멀티미디어

음성, 문자, 그림, 동영상 등이 혼합된 다양한 매체

NTSC | National Television System Committee

미국의 텔레비전 방송 규격 심의회(NTSC, National Television System Committee)에서 제정한 컬러 텔레비전의 한 방식

Chapter 07

ASP | Active Server Pages

마이크로소프트가 월드 와이드 웹(WWW)에 응용 프로그램을 실현하는 방법으로 추진 중인 기술

Big Data | 빅데이터

인터넷이나 SNS와 같은 디지털 환경에서 생성되는 방대한 데이터. 즉, 그 규모가 너무나도 방대하여 일반적인 방법으로는 그 데이터를 수집, 저장, 검색, 분석, 시각화 등이 어려운 데이터를 의미

Database | 데이터베이스

여러 사람에 의해 공유되어 사용될 목적으로 통합 관리되는 정보의 집합

DBMS | **DataBase Management System, 데이터베이스 관리 시스템**

데이터베이스를 생성하여 안정적이고 효율적으로 운영하는 데 필요한 기능들을 제공하는 프로그램

Hadoop | **하둡**

빅데이터를 처리하기 위한 병렬분산처리 소프트웨어이며 다수의 서버를 하나의 클러스터로 구성하여 페타바이트급의 대용량 데이터를 처리하는 기술

Hypertext | **하이퍼텍스트**

하이퍼링크(hyperlink)와 쌍방향성이라는 컴퓨터의 특성을 결합한 것으로 1960년대에 테오도르 넬슨이 만든 컴퓨터 관련 용어

Interactive | **인터랙티브**

사용자가 데이터나 명령어를 입력할 수 있도록 한 프로그램

PC | **Personal Computer, 퍼스널 컴퓨터**

개인이 이용하는 컴퓨터

RDB | **Relational Database, 관계형 데이터베이스**

데이터를 계층 구조가 아닌 단순한 표(table)로 표현하는 형식의 데이터베이스

SQL | **Structured Query Language**

관계형 데이터베이스의 조작과 관리에 사용하는 데이터베이스 하부 언어(sublanguage)

Workstation | **워크스테이션**

개인이나 적은 인원의 사람들이 특수한 분야에 사용하기 위해 만든 고성능의 컴퓨터

Chapter 08

AI | Artificial Intelligence, 인공지능

인간의 학습 능력과 추론 능력, 지각 능력, 자연 언어의 이해 능력 등을 컴퓨터 프로그램으로 실현한 기술

Character Recognition | 문자 인식

각종 문자를 광학적 또는 자기적으로 검출하여 컴퓨터로 하여금 자동적으로 인식하게 하는 기술

Expert System | 전문가 시스템

전문가가 수행하는 작업을 실행하는 컴퓨터 응용 프로그램

Knowledge Engineer | 지식 공학자

전문가의 지식을 전문가 시스템의 지식 베이스로 변환하는 사람

Natural Language Processing | 자연 언어 처리

인간이 보통 쓰는 언어를 컴퓨터에 인식시켜서 처리하는 일

On-line Game | 온라인 게임

각종 네트워크로 하는 멀티 플레이 게임이며 컴퓨터, 휴대전화, 휴대용 게임기 등 다양한 기기에서 각자 다양한 장르의 온라인 게임을 지원

Pattern Recognition | 패턴 인식

기계에 의하여 도형, 문자, 음성 등을 식별하는 기술

Voice Recognition | 음성 인식

말하는 단어를 인식할 수 있는 컴퓨터 시스템을 설계하는 컴퓨터 과학 분야